普通高等教育“十一五”国家级规划教材

新大学化学实验

（第四版）

主　编　田玉美
副主编　刘晓丽

科学出版社
北　京

内 容 简 介

本书为普通高等教育“十一五”国家级规划教材，是《新大学化学》(第四版)(周伟红、曲保中主编，科学出版社，2018 年)教材的配套实验教材。全书共分三部分：第一部分是化学实验基础知识；第二部分是基本实验，内容紧密配合大学化学课程的教学内容；第三部分是综合性实验，培养学生的综合素质和创新精神。本书配套数字化教学资源，读者可通过扫描封底二维码下载 APP，观看实验操作短视频。

本书可作为高等学校非化学化工类各专业本科生教材，也可供从事化学实验和科研的相关研究人员参考。

图书在版编目(CIP)数据

新大学化学实验/田玉美主编. —4 版. —北京：科学出版社，2018.6

普通高等教育“十一五”国家级规划教材

ISBN 978-7-03-057515-9

Ⅰ. ①新… Ⅱ. ①田… Ⅲ. ①化学实验–高等学校–教材 Ⅳ. ①O6-3

中国版本图书馆 CIP 数据核字(2018)第 110141 号

责任编辑：陈雅娴 / 责任校对：何艳萍

责任印制：张 伟 / 封面设计：陈 敬

科 学 出 版 社 出版

北京东黄城根北街 16 号

邮政编码：100717

http://www.sciencep.com

北京虎彩文化传播有限公司 印刷

科学出版社发行 各地新华书店经销

*

2005 年 2 月第 一 版 开本：787×1092 1/16

2008 年 3 月第 二 版 印张：9

2013 年 2 月第 三 版 字数：208 000

2018 年 6 月第 四 版 2022 年 8 月第二十次印刷

定价：29.00 元

(如有印装质量问题，我社负责调换)

第四版前言

在第一版前言中关于本书的特点已作了明确阐述。为了与“十二五”普通高等教育本科国家级规划教材——《新大学化学》（第四版）（周伟红、曲保中主编，科学出版社，2018 年）相配套，编者修编了《新大学化学实验》（第四版）。

修编第四版时，在第三版的基础上，结合教学、科研的最新情况，增加及修改了几个基本实验与综合性实验。《新大学化学实验》（第四版）仍然分三部分：第一部分是化学实验基础知识，并将其分散到各个实验中，通过反复练习，学生能初步掌握基础的化学实验技能；第二部分是基本实验，内容紧密配合大学化学课程的教学内容，同时针对基本操作录制了短视频；第三部分是综合性实验，实验内容紧密联系生活实际，培养学生综合分析问题、解决问题和主动获取知识的能力，使学生初步具备撰写小科技论文与提高英文实验阅读理解的能力。另外，本书有配套的数字化教学资源，读者可通过扫描封底二维码下载 APP，观看本书所涉及的各种基本实验操作和实验过程短视频，将实验内容立体化，更有利于学生直观、有效地掌握规范的实验操作及实验内容。

参加《新大学化学实验》（第四版）修编工作的有田玉美（主编，化学实验基础知识、实验四、实验七、实验八、实验十、实验十二、实验十四、实验十六、实验二十五、实验二十六、附录、实验二与实验三的附），刘晓丽（副主编，实验六、实验十七），张亚南（实验一、实验二、实验三），徐昕（实验五），张颖（实验九、实验十一），赫奕（实验十三），成荣敏（实验十五、实验十九、实验二十），李志英（实验十八），贾琼（实验二十一），彭宇（实验二十二），牟凤田（实验二十三、实验二十四）。全书由田玉美统稿。

吉林大学化学学院周伟红与曲保中两位教授对本书的编写提出了许多宝贵意见，在此表示衷心的感谢。

由于编者水平有限，书中的疏漏和不妥之处在所难免，恳请读者批评指正。

编　者

2018 年 1 月

第一版前言

《新大学化学实验》一书是在原吉林大学《普通化学实验》讲义的基础上改编而成的，是吉林大学“十五”规划教材，是普通高等教育“十五”国家级规划教材——《新大学化学》（曲保中、朱炳林、周伟红主编，科学出版社出版）的配套实验教材，是为高等院校非化学化工类专业学生编写的化学基础实验教材。

化学是一门以实验为基础的学科，实验教学是化学教学的重要内容。化学实验在培养学生的实验能力、科学素质和创新精神方面是理论教学无法替代的，所以我们不断进行实验教学改革。1984 年我们率先在全国实行了“开放式实验教学”，即在一定时间内实验室对学生开放，学生可自己选择实验时间、内容，进入实验室独立完成实验。老师不演示、不讲解，只做个别指导、考核。开放式实验教学很快便在全校、全国推广开来。此成果在 1989 年获国家级优秀教学成果奖，并反映在实验教材中。另外，结合世界银行贷款项目，一些新的大型仪器陆续到位，我们理应创造机会让学生使用更多的近代测试仪器，从合成、组成分析、结构表征和性能测试等多方面进行训练，不断引导学生灵活运用所学的基础知识和发挥其创造性。

《新大学化学实验》除保持配套教材中严格贯彻法定计量单位外，还具有以下特点：①普遍性。非化学化工类各专业学生均适用。本书能使学生掌握一些常用化学仪器的操作和使用方法，基本掌握具体物质含量的分析，初步学会设计简单的物质合成方案。②趣味性。选择一定数量与日常生活有关的兴趣实验，调动学生的实验兴趣，开发学生的学习潜能，鼓励学生对实验方案进行改进，或让他们完成自己设计的实验内容。③综合性。体现了化学各学科之间的互相交叉渗透，应用基础实验知识技能，制备简单的无机化合物等，并测定和研究其组成、性质及结构，了解科学研究的途径和近代大型仪器的使用，培养学生的图谱解析能力和科学研究意识。④先进性。计算机引入实验教学调动了学生上实验课的积极性。实验过程中要认真观察、记录实验现象；有数据的实验，学生还可在计算机上进行数据处理，打印实验报告。为学生使用现代化的教学手段和进行科学研究打下基础。⑤快捷性。在部分实验中引导学生通过 INTERNET 来查阅数据或文献，并与《新大学化学》中介绍的“网络导航”内容有机地结合起来，从而提供了更便捷的信息通道。此外，从教学实际出发，我们精编了实验内容，让学生“买得起，用得上”。

本书共分四部分。第一部分为化学实验基础知识，其内容分散到各个实验中，使学生通过反复练习，初步掌握基础的化学实验技能。第二部分为基本实验，内容紧密配合大学化学课程的教学内容。第三部分为多媒体模拟实验教学软件的应用，实验设计简便，操作简单直观，实验现象清楚明了。第四部分为综合性实验，实验内容紧密联系生活实际，培养学生综合分析问题、解决问题和主动获取知识的能力，并培养学生具备撰写小科技论文的能力。

本书由下列人员合作完成：田玉美（前言、实验七、实验八、实验九、实验十四），刘晓丽（化学实验基础知识、附录），李志英（实验一、实验二、实验三），蒋蔓（实验四、实验五、实验六、实验九），毕立华（实验十），牟凤田（实验十一、实验十二、实验十三）。

吉林大学化学学院曲保中教授对本书的编写提出了许多宝贵意见，在此表示衷心的感谢。

由于编者水平有限，书中的错误和不当之处恳请读者批评指正。

编　者

2005 年 1 月

目 录

第一部分　化学实验基础知识

一、学生实验守则

(1) 实验前必须认真预习实验内容，写出实验预习报告。进入实验室后，首先熟悉实验室环境及各种设施的位置，清点好仪器。

(2) 实验过程中保持肃静，集中精力，认真操作，仔细观察，如实记录，积极思考，独立完成各项实验任务，不得妨碍他人。

(3) 实验仪器、设备是国家财产，务必爱护，小心使用。

① 使用玻璃仪器要小心谨慎，若有损坏，必须及时报告教师；

② 使用精密仪器时，必须严格按照规程操作，遵守注意事项；若发现异常情况或出现故障，应立即停止使用，报告教师，找出原因，排除故障。

(4) 使用试剂时应注意：

① 试剂应按书中规定的规格、浓度与用量取用，以免浪费；如果书中未规定用量或自行设计的实验，在保证实验效果的前提下，应尽量少用试剂，注意节约；

② 取用固体试剂时注意勿使其撒落在实验容器外；

③ 试剂架上的试剂是公用的，使用时一律不得将试剂瓶从架上取下；

④ 试剂瓶的滴管、瓶塞是配套使用的，取药品时注意不要张冠李戴，以免沾污试剂。

(5) 注意安全操作，遵守安全守则。化学实验室有易燃、易爆、易腐蚀及有毒等多种危险药品，应先了解其性质，注意安全操作，听从教师的指导，出现意外伤害应及时正确处理。

(6) 实验时应保持实验室及台面清洁整齐，火柴梗、废纸屑、废液、金属颗粒等应投入废纸篓及回收瓶中，不要投入水槽中，以防扩大污染和造成下水道堵塞或腐蚀。

(7) 实验完成后将仪器刷洗干净，放回原来位置；整理桌面，清扫地面，培养良好的工作习惯。

(8) 实验过程中及时、准确地记录实验现象及实验数据，不得更改，培养实事求是的科学作风。

二、化学实验室安全守则

化学实验室中许多试剂易燃、易爆且具有腐蚀性和毒性，存在不安全因素，所以进行化学实验时思想上必须重视安全问题，绝不可麻痹大意。学生初次进行化学实验应进行必要的安全教育。每次实验前应掌握本实验安全注意事项，在实验过程中严格遵守安全守则，避免事故的发生。

(1) 实验时严禁吸烟、饮食、打闹。

(2) 水、电、煤气等用后应及时关闭。

(3) 洗液、浓酸、浓碱具有强烈腐蚀性，应避免溅落在皮肤、衣服、书本上，更应防止溅入眼睛。

(4) 注意操作安全。

① 能产生有刺激性或有毒气体的实验都应在通风橱内进行；

② 具有易挥发和易燃物质的实验应在远离火焰的地方进行，最好在通风橱内进行；

③ 加热试管时，不要将试管口对着自己或他人，也不要俯视正在加热的液体，以免液体溅出受到伤害；

④ 有毒试剂(如氰化物、汞盐、铅盐、钡盐、重铬酸盐等)不得进入口内或接触伤口，也不能随便倒入下水道，应回收统一处理；

⑤ 嗅闻气体时，应用手轻拂气体，把少量气体扇向自己再闻；

⑥ 稀释浓硫酸时，应将浓硫酸慢慢注入水中，并不断搅动。切勿将水倒入浓硫酸中，以免迸溅，造成灼伤。

(5) 实验完毕，应将实验台整理干净，洗净双手，关闭水、电、煤气等阀门后才能离开实验室。

三、实验室意外事故的处理

(1) 若因乙醇、苯或乙醚等引起着火，应立即用湿布或砂土(实验室备有灭火砂箱)等扑灭。若遇电气设备着火，必须先切断电源，再用二氧化碳或四氯化碳灭火器灭火。

(2) 遇有烫伤事故，可用高锰酸钾或苦味酸溶液清洗灼伤处，再擦上凡士林或烫伤油膏。

(3) 若强酸或强碱溅在眼睛或皮肤上，应立即用大量清水冲洗，然后相应地用碳酸氢钠溶液或硼酸溶液冲洗(若溅在皮肤上，最后还可涂些凡士林)。

(4) 若吸入氯气、氯化氢气体，可立即吸入少量乙醇和乙醚的混合蒸气以解毒，若吸入硫化氢气体而感到不适或头晕时，应立即到室外呼吸新鲜空气。

(5) 被玻璃割伤时，伤口内若有玻璃碎片，需先挑出，然后抹上消毒药水并包扎。

(6) 遇有触电事故，首先应切断电源，然后在必要时进行人工呼吸。

(7) 伤势较重者，应立即送往医院治疗。

四、误差与数据处理

化学是一门实验性科学，要进行许多定量的测定，如常数的测定、物质组成的测定、溶液浓度的测定等。有些是直接测定的，有些是根据实验数据演算得出的。这些测定与计算结果的准确性如何？如何处理这些实验数据？在解决这些问题时，都会遇到误差等有关问题。所以，树立正确的误差及有效数字的概念，掌握分析和处理实验数据的科学方法是十分必要的。

(一)误差

在定量的分析测定中，对于实验结果的准确度都有一定的要求。当然，绝对的准确是没有的。在实验过程中，即使是实验技术很熟练的人，用最好的测定方法和仪器对同一试样进行多次测定，也不可能得到完全一样的结果，在实验测定值与真实值之间总会产生一定的差值。这种差值越小，实验结果的准确度越高；差值越大，实验结果的准确度越低。所以，准确度表示实验结果与真实值接近的程度。

在实验中，常在相同条件下对同一样品平行测定几次，如果几次实验测定值彼此比较接近，说明结果的精密度高；如果实验测定值彼此相差很多，测定结果的精密度就低。所以，精密度表示各次测定结果相互接近的程度。

精密度与准确度是两个不同的概念，是实验结果好坏的主要标志。

精密度高不一定准确度高。例如，甲、乙、丙三人同时分析 NaOH 溶液的浓度(准确浓度为 $0.1234 mol \cdot L^{-1}$)，三人测定的结果列于表 1.1。

表 1.1 测定结果

项 目	c(甲)/($mol \cdot L^{-1}$)	c(乙)/($mol \cdot L^{-1}$)	c(丙)/($mol \cdot L^{-1}$)
1	0.1210	0.1230	0.1231
2	0.1211	0.1261	0.1233
3	0.1212	0.1286	0.1232
平均值	0.1211	0.1259	0.1232
真实值	0.1234	0.1234	0.1234
差值	0.0023	0.0025	0.0002

甲的分析结果精密度高，但准确度低，平均值与真实值相差太大；乙的分析结果精密度低，准确度也低；丙的分析结果精密度与准确度都比较高。

一般情况下，精密度是保证准确度的先决条件。因为精密度低时，测得的几个数据相差很大，根本不可信，也谈不上准确度了。所以，初学者进行实验时一定要严格控制条件，认真仔细地操作，以得到精密度较高的数据。

当测定值不等于真实值时，误差即实验测定值与真实值之间的差值，误差越小，表示测定值与真实值越接近，准确度越高。

误差的表示方法有绝对误差与相对误差两种。

绝对误差表示测定值与真实值(往往用平均值代替)之差。

$$\text{绝对误差 } E = \text{测定值 } X - \text{平均值 } \bar{X}$$

相对误差表示绝对误差与真实值之比，即误差在真实值中所占的百分数。

$$相对误差\ E\,\%=\frac{绝对误差E}{平均值\overline{X}}\times 100\%$$

在上例中，甲、乙、丙三人测定结果的绝对误差和相对误差列于表 1.2。

表 1.2 测定结果的绝对误差和相对误差

	绝对误差	相对误差
甲	$(0.1211-0.1234)\ mol\cdot L^{-1}=-0.0023\ mol\cdot L^{-1}$	$(-0.0023/0.1234)\times 100\%=-1.9\%$
乙	$(0.1259-0.1234)\ mol\cdot L^{-1}=+0.0025\ mol\cdot L^{-1}$	$(0.0025/0.1234)\times 100\%=+2.0\%$
丙	$(0.1232-0.1234)\ mol\cdot L^{-1}=-0.0002\ mol\cdot L^{-1}$	$(-0.0002/0.1234)\times 100\%=-0.16\%$

在实际工作中，由于真实值不知道，通常是进行多次平行测定(完全相同条件下进行的测定)，求得其算术平均值，以此作为真实值，或者以公认的手册上的数据为真实值。

(二)引起误差的原因

引起误差的原因有很多，一般分为两类：系统误差与偶然误差，此外还有过失误差等。

1. 系统误差

系统误差是由某种固定的原因造成的，又称可测误差。它使测定结果偏高或偏低，在样品多次测定中会重复出现，对分析结果的影响比较固定，所以这些误差应设法减小到几乎可以忽略的程度。系统误差根据其产生的原因一般分如下几方面。

(1) 方法误差：由测定方法本身造成的。在物理量的测定中，如密度的测定，由于体积与温度有关，因而选择的方法不同，所产生的误差就可能不同。

(2) 仪器误差：使用的测量仪器精度不够；或精度足够，但使用不当；或腐蚀、磨损等原因使精度降低所造成的。

(3) 试剂误差：由使用的试剂或蒸馏水等不纯造成的。

(4) 读数误差：取得数据的方式不当使数据包含误差。

2. 偶然误差

偶然误差(随机误差)是由一些预先估计不到，因而难以控制的偶然因素造成的，如仪器性能的微小变化，操作人员对各份试样处理时的微小差别，测定过程中的温度、压力、湿度、电压的变化，振动、气流等外界条件的临时变化等。由于引起的原因具有偶然性，因此造成的误差是可变的，有时大，有时小，有时正，有时负。但这种误差的大小和正负出现的概率是有一定规律的，因而如果重复多次平行实验，取其平均值，则正、负偶然误差可以相互抵消，平均值就比较接近真实值。

3. 过失误差

这是工作粗心大意、过度疲劳或情绪不好等原因引起的误差。例如，称量时弄错砝码的数值，滴定时读错滴定液体的体积，或记录错误、计算错误等。这种错误有时无法找到原因。

这一类误差在工作上应该属于责任事故，是不允许存在的。它本来也不属于误差问题的讨论范畴，在此列为一类是为了强调它的严重性。

通常只要提高对工作的责任感，平常培养细致严密的工作作风，做到原始记录反复核对，这种错误是完全可以避免的。

对于明显属于错误的测定数据必须舍去，不能与其他数据放在一起进行统计。但对属于怀疑的数据又不能随意地作为错误的数据处理。

在上述三种类型的误差中，过失误差是可以避免的；系统误差是可以检定和校正的；偶然误差可以通过多次平行实验取得平均值抵消正、负误差的办法进行控制。

(三) 平均值

1. 偶然误差的特点

产生偶然误差的原因是不固定的，其大小和正负是可变的，但进行多次测定后，可以发现它是有规律的：

(1) 同样大小的正、负误差有几乎相等的出现概率。

(2) 小误差出现的概率大。

(3) 大误差出现的概率小。

以上规律可以用正态分布曲线来表示(图 1.1)。

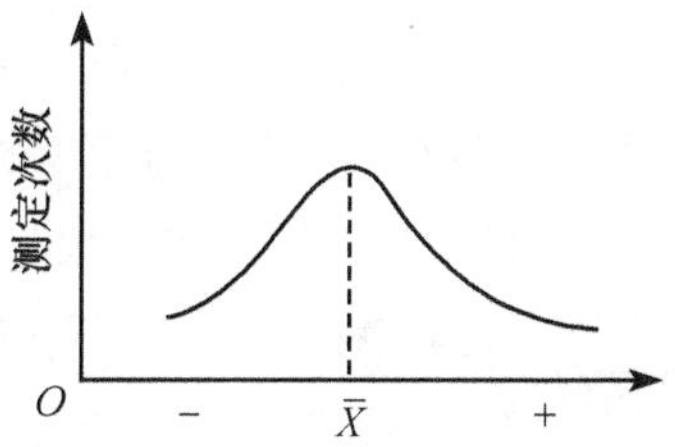

图 1.1　正态分布曲线

曲线中间的最大值较为接近平均值 $\bar{X}$，左边为负误差，右边为正误差。正、负误差出现的概率均等。由此可见，只要多做几次测定，取平均值，测定的正、负误差可以互相抵消。

2. 平均值($\bar{X}$)

当 X_B 的测定中无系统误差及过失误差，且测量次数 n 增加到很大时，由于 n 次平行测定的正、负误差可以相互抵消，其平均值可能比较接近真实值，即

$$\bar{X} = \frac{\sum_{B} X_B}{n} \rightarrow \mu(\text{真实})$$

(四) 有效数字

在讨论了测定误差的大小及产生原因(或其种类)之后，随之而来的问题就是如何记录测定的结果，使之能够如实地反映出误差的大小，这就要求树立正确的有效数字的概念。

1. 有效数字的概念

实验中，所用仪器标出的刻度的精确程度总是有限的，如 50mL 量筒的最小刻度为

1mL，在两刻度间再估计一位，可读至 0.1mL，如 34.5mL 等；若为 50mL 滴定管，最小刻度为 0.1mL，再估计一位，可读至 0.01mL，如 24.78mL 等。在 34.5mL 与 24.78mL 这两个测定数字中，最后一位数字往往是估计出来的，而不是准确的。

通常把只保留最后一位不准确数字，而其余数字均为准确数字的数字称为有效数字，也就是说，有效数字是实际上测出的数字。

可见，有效数字与数学上的数有不同的含义，数学上的数只表示量的大小，有效数字不仅表示量的大小，还反映所用仪器及方法的精确程度。例如，取 NaCl 6.5g，不仅说明 NaCl 质量为 6.5g，而且表明用感量 0.1g 或 0.5g 的台秤即可。若取 NaCl 6.5000g，则表明一定要在万分之一分析天平或电子天平上称量。

这样的有效数字还表示称量误差。对感量 0.1g 的台秤称 6.5g NaCl，绝对误差为±0.1g，相对误差为(±0.1/6.5)×100%=±1.5%。对感量为 0.0001g 的分析天平或电子天平称 6.5000g NaCl，绝对误差为±0.0001g，相对误差则为(±0.0001/6.5000)×100%＝±0.0015%。

所以记录测量数据时，不能随意乱写，否则会夸大或缩小准确度。例如，用分析天平或电子天平称 6.5000g NaCl 后，若记成 6.50g，则相对误差由±0.0015%夸大到(±0.01/6.5000)×100%=±0.15%。

由此可见，“0”在数字中所起的作用是不同的，有时是有效数字，有时不是，这与“0”在数字中的位置有关，具体情况如下：

(1)“0”在数字前仅起定位作用，“0”本身不是有效数字。例如，在 0.0275 中数字 2 前面的两个“0”都不是有效数字，这个数的有效数字只有三位。

(2)“0”在小数中间是有效数字。例如，2.0065 中的两个“0”都是有效数字，此数是五位有效数字。

(3)“0”在小数的数字后也是有效数字。例如，6.5000 中的三个“0”都是有效数字(表明测量值为 6.4999～6.5001)。0.0030 中“3”前面的三个“0”不是有效数字，“3”后面的“0”是有效数字。所以，6.5000 是五位有效数字，0.0030 是二位有效数字。

(4) 以“0”结尾的正整数，有效数字的位数不定。例如，54000 可能是二位、三位或四位甚至五位有效数字。这种数应根据有效数字情况改写为指数形式(科学表示法)，如为二位，则写成 5.4×10^4；如为三位，则写成 5.40×10^4 等。

总之，正确判别与书写有效数字，才能准确地表达与处理好实验数据和实验结果。

下面列出了一些数字，并指明了其有效数字的位数：

65006	46009	五位有效数字
23.14	0.6010	四位有效数字
0.0713	1.00×10^{-6}	三位有效数字
48	0.000050	二位有效数字
0.002	5×10^5	一位有效数字
54000	100	有效数字位数不定

2．有效数字的运算规则

(1)加法和减法：在计算几位数字相加或相减时，所得的和或差的有效数字的位数应以小数点以后位数最少的数为准。例如，将 2.0113、31.25 及 0.357 三数相加时，见式(1.1)(可疑数用“.”标出)

$$\begin{array}{rr} & 2.011\underset{\cdot}{3} \\ & 31.2\underset{\cdot}{5} \\ +) & 0.35\underset{\cdot}{7} \\ \hline & 33.6\underset{\cdot}{1}\underset{\cdot}{8}\underset{\cdot}{3} \end{array} \tag{1.1}$$

可见，小数点后位数最少的数 31.25 中的 5 已是可疑数，相加后和数 33.6183 中的 1 也可疑，所以再多保留几位已无意义，也不符合有效数字只保留一位可疑数字的原则。这样相加后，按四舍六入五成双的规则处理，结果为 33.62。

以上为了看清加减后应保留的位数，采用了先运算后取舍的方法，一般情况下可先取舍后运算。

$$\begin{array}{rr} & 2.0113 \rightarrow 2.01 \\ & 31.25 \rightarrow 31.25 \\ + & 0.357 \rightarrow 0.36 \\ \hline & 33.62 \end{array} \tag{1.2}$$

(2)乘法与除法：几个数相乘或相除时，其积或商的有效数字应以有效数字位数最少的数为准。例如，1.312 与 23 相乘

$$\begin{array}{rr} & 1.31\underset{\cdot}{2} \\ \times & 2\underset{\cdot}{3} \\ \hline & \underset{\cdot}{3}\underset{\cdot}{9}\underset{\cdot}{3}\underset{\cdot}{6} \\ & 262\underset{\cdot}{4} \\ \hline & 3\underset{\cdot}{0}.\underset{\cdot}{1}\underset{\cdot}{7}\underset{\cdot}{6} \end{array} \tag{1.3}$$

显然，由于 23 中的 3 是可疑的，得到的积 30.176 中的 0 可疑，所以保留两位数字即可，其余按四舍六入五成双处理，结果是 30。

同加减法一样，也可以先取舍后运算。

$$\begin{array}{rr} & 1.312 \rightarrow 1.3 \\ \times & 23 \rightarrow 23 \\ \hline & 29.9 \rightarrow 30 \end{array} \tag{1.4}$$

另外，对于第一位的数值大于 8 的数，有效数字的总位数可多算一位。例如，9.15 运算时可看作四位有效数字。

(3)对数：进行对数运算时，对数值的有效数字只由尾数部分的位数决定，首数部分是 10 的幂数，不是有效数字。例如，2345 为四位有效数字，其对数 lg2345＝3.3701，尾数部分仍保留四位，首数 3 不是有效数字。不能记成 lg2345＝3.370(只有三位有效数字)，因为它与原数 2345 的有效数字位数不一致。在 pH 计算时，$c(H^+)=4.9\times10^{-11}mol\cdot L^{-1}$(这是两位有效数字)，所以 $pH=-lg[c(H^+)/c^\ominus]=10.31$，这里有两位有效数字，首数 10 不是有效数字。反之，由 pH＝10.31 计算 $c(H^+)$ 时，也只能记作 $c(H^+)=4.9\times10^{-11}mol\cdot L^{-1}$，

而不能记成 $4.898\times10^{-11}mol\cdot L^{-1}$。

(五)物理量测定的精度选择

1. 精度要求

没有足够的精度，测定结果就没有足够的意义，或根本没有意义。但是，过分的精度要求也无必要。要根据实际需要确定精度要求，并选择合适的测量仪器。例如，测定金属的密度一般只需两位或三位有效数字，可用台秤或扭力天平称量，而不必用分析天平称量。

2. 精度的匹配

在物理量的测定中，为了得到某物理量的数值，往往需要测出其他物理量来确定。例如，测出金属的质量与体积可以计算出金属的密度。在测量质量与体积时就要考虑仪器精度的匹配。若用分析天平称得金属质量为25.6240g，而用100mL量筒来测量此金属体积所相当的水的体积为25.0mL，这两种仪器的精度就不匹配。此时密度的有效数字只能是三位

$$\rho=\frac{25.6240g}{25.0mL}=1.02g\cdot mL^{-1}$$

所以用分析天平称量就没有意义了。可见，若用量筒量体积，只要用台秤称量就够了。

显然，在考虑仪器精度的匹配时，不能离开具体的测量对象。例如，要测量某密度很小的气体的质量，如果取25.0mL，质量仅为0.025g，则不能用台秤而只能用千分之一分析天平或电子天平来称量。

五、滴定实验基本操作

(一)移液管的使用方法

移液管用来准确地移取一定体积的液体，包括无分度吸管和有分度吸管两种，如25mL移液管可准确移取25.00mL(准确到小数点后第二位，单位为mL)。移液管如图1.2所示，它是中间有一膨大部分的玻璃管，管颈上部刻有标线。常用的移液管有5mL、10mL、25mL、50mL等规格。

1. 洗涤

移液管一般采用橡皮洗耳球吸取铬酸洗液洗涤，也可放在高型量筒内用洗液浸泡，取出，沥尽洗液后，用自来水冲洗，再用蒸馏水洗涤干净。洗时两手平端移液管，旋转使水与内壁充分接触(称为清洗)。洗净的移液管其壁内应不挂水珠，最后用少量将要移取的液体洗涤两三次，以确保移取溶液浓度不变。

2. 吸液

移取溶液时，用左(右)手的大拇指和中指拿住移液管管颈标线上方，将管下部尖端深插入溶液中。右(左)手拿洗耳球，先把球内空气挤出，然后把球的尖端插入移液管上

端管口处，慢慢松开右(左)手使溶液吸入管内，如图 1.2(a)所示。当液面升高到标线以上时移开洗耳球，立即用左(右)手食指按住管口，大拇指和中指拿住移液管，将移液管提起离开溶液液面。移液管的末端靠在器皿内壁，略微放松食指，慢慢捻动移液管管身，使液面平稳下降，直至溶液的弯月面与标线相切，立即用食指按紧管口。取出移液管，进行放液操作。

3. 放液

使移液管垂直，接受器倾斜，移液管尖端部分接触接受器器壁，如图 1.2(b)所示。放松食指，溶液自然流出，放毕等 15s，取出移液管。因为移液管的容量是根据自然流出的溶液量校准的，最后一滴残留液体不得吹入接受器内[图 1.2(c)]。

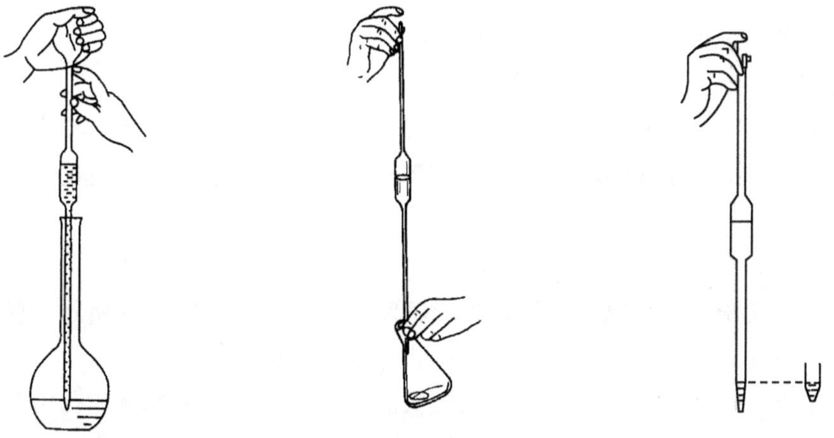

(a) 用洗耳球移取溶液　(b) 放出液体　(c) 遗留液滴

图 1.2　移液管的使用方法

(二) 滴定管的使用方法

滴定管是用来准确测量管内流出的液体体积的仪器，准确量到体积(mL)的第二位 小数。

常见的滴定管容量为 50mL、25mL。每一大格为 1mL，每大格又分为 10 小格，每小格为 0.1mL。在读数时，两小格之间应估计出一位数，所以滴定管能测量至 0.01 mL。

过去，滴定管分为酸式和碱式两种(图 1.3)。酸式滴定管下端带有玻璃活塞，以控制溶液的流速，用于盛放酸性溶液或氧化性溶液，不能盛放碱性溶液，因为磨口玻璃活塞会被碱性溶液腐蚀，放置久了会粘住。现在，若酸式滴定管的磨口玻璃活塞用聚四氟乙烯活塞替代，这样的滴定管为酸碱通用滴定管，这种聚四氟乙烯活塞不用涂抹凡士林。碱式滴定

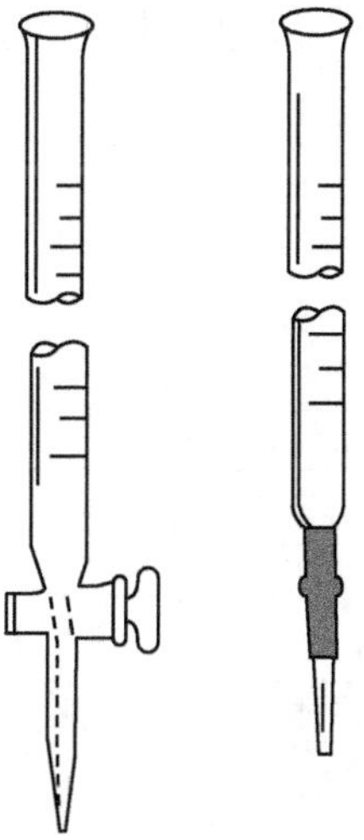

(a) 酸式滴定管　(b) 碱式滴定管

图 1.3　滴定管示意图

管下端连接一乳胶管，内放一玻璃球，以控制溶液的流速，用于盛放碱性溶液，不能盛放氧化性物质(如 $KMnO_4$、I_2 等)，以避免乳胶管被氧化变质。

酸式滴定管使用前，先检查活塞是否漏水，如果漏水或活塞转动不灵活，可将活塞取下洗净，用滤纸将活塞和活塞槽的水吸干，然后分别在活塞的粗端及细端(避开小孔)涂上很薄一层凡士林(勿使凡士林堵住小孔或管孔)，再将活塞塞紧后旋转几次，使凡士林均匀涂在磨口上，呈透明状为止。用橡皮圈套住尾部，以防脱落。最后再检查活塞是否漏水。

1. 洗涤

依次用洗液、自来水、蒸馏水洗净，最后用少量所装溶液洗三次(每次都要冲洗尖嘴部分)，每次溶液量 5～10mL。

洗涤时要两手平端滴定管，不断转动，使洗涤液体布满滴定管。

2. 装液

把溶液装至滴定管零刻度以上，滴定管垂直地夹在滴定管夹上。酸式滴定管开启活塞，碱式滴定管挤压玻璃圆珠，乳胶管稍弯向上(图 1.4)，使滴定液流出，赶出下端管嘴中积留的空气泡。

3. 滴定

滴定时应使滴定管尖嘴部分插入锥形瓶口下 1～2cm，如图 1.5 所示。使用酸式滴定管时，手势也如图 1.5 所示。应用左手拇指、食指和中指旋转活塞，手心应空握，不得紧抵活塞末端，以免将活塞挤出。使用碱式滴定管时，用左手拇指和食指挤压玻璃珠稍右上方的乳胶管，使玻璃珠与乳胶管间形成一条缝隙，如此溶液可流出，但不要用力捏玻璃珠，不要使玻璃珠上下移动，也不要捏玻璃珠下面的橡胶管，以免空气进入而形成气泡，影响读数。滴定速度不能太快，以每秒 3～4 滴为宜，切不可成液柱流下。边滴边摇动锥形瓶，锥形瓶应向同一方向做圆周旋转而不应前后摇动。接近终点时，应一滴一滴地加入溶液。

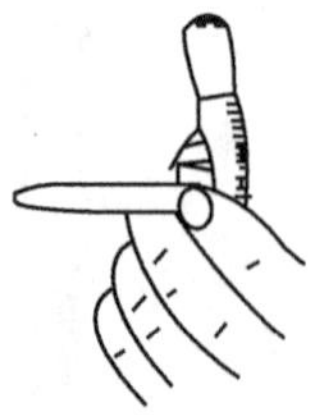

图 1.4 逐出气泡法

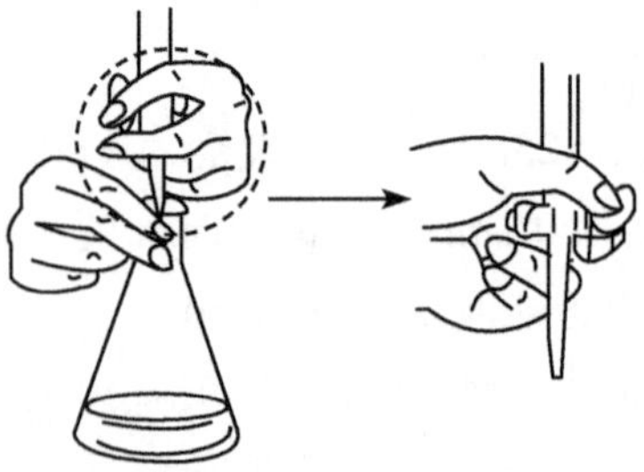

图 1.5 酸式滴定管使用方法

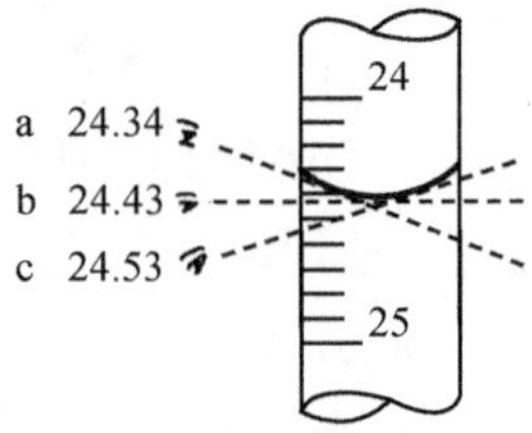

图 1.6 刻度的读数

4. 读数

滴定前后均应记录读数，读数(图 1.6)时应注意以下几点：

(1) 注入溶液或放出溶液后，需等待 1～2min，使附着在内壁上的溶液流下后，才能读数。

(2) 对于无色或浅色溶液，视线应与弯月面最低点在同一水平面上，读此水平面所在刻度(图 1.6b)。对深色溶液(如 $KMnO_4$ 溶液)，应观察液面最上沿。

(3) 为减少测量误差，每次滴定应从 0.00 开始或接近零的任一刻度开始。读数必须准确到 0.01mL。

(三) 容量瓶的使用方法

容量瓶是细颈梨形的平底瓶，带有磨口塞。颈部标线表示在所指温度(一般为 20℃)下，当液体充满到标线时，液体体积恰好与瓶上所注明的体积相等。容量瓶通常有 50mL、100mL、250mL、500mL、1000mL 等各种规格(都准确至 0.01mL)。容量瓶是配制准确浓度溶液的容量容器。

1. 洗涤

依次用洗液、自来水、蒸馏水洗净。洗净的容量瓶内壁应不挂水珠，水均匀润湿容量瓶内壁。

2. 转移

欲将固体样品配成准确浓度的溶液，应先将称好的样品放在小烧杯中，用蒸馏水溶解，再定量地转移到容量瓶中。转移时用玻璃棒插入容量瓶内，烧杯嘴紧靠玻璃棒。然后用水洗烧杯三次以上，溶液及洗涤液按图 1.7 所示转移至容量瓶中。

如欲将浓溶液稀释，则先用移液管吸取一定体积的浓溶液放入容量瓶中，再稀释至标线。

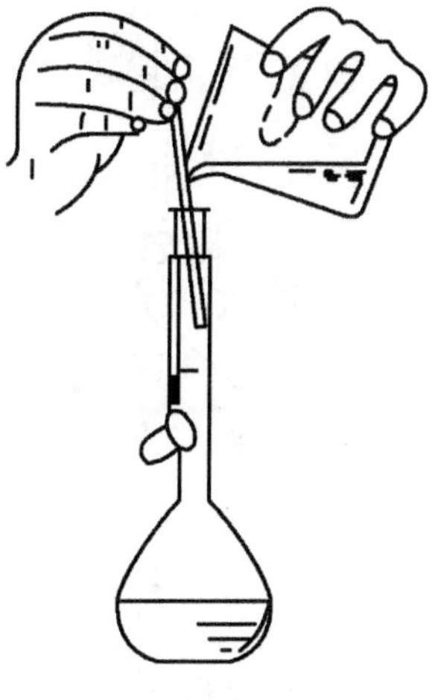

图 1.7　溶液的转移

3. 加蒸馏水

在容量瓶中，加入蒸馏水至 3/4 体积，将容量瓶摇几次(勿倒)，使溶液大体混匀，然后继续加蒸馏水至标线 1cm 左右。等 1～3min，使黏附在瓶颈内壁的溶液流下后，用滴管滴加水至溶液弯月面与标线相切为止。盖紧磨口塞。

4. 摇匀

左手食指按住瓶塞，右手托住瓶底，将容量瓶倒置数次(15～20 次)并加以振荡，以保证溶液的浓度完全均匀。

六、试剂的取用操作

取用药品前应看清标签上所注试剂名称及浓度等。取用时，若瓶塞顶是扁平的，瓶塞取出后可倒置桌上；若瓶塞顶不是扁平的，可用食指与中指(或中指与无名指)夹住瓶塞(或放在清洁的表面皿上)，绝不可横置桌上。

1. 固体试剂的取用

用清洁、干燥的药匙(塑料、玻璃或牛角材料)取用固体试剂，不得用手直接拿取。药匙的两端为大小两个匙，取大量固体时用大匙，取小量固体时用小匙(取用的固体要放入小试管时也用小匙)。

2. 液体试剂的取用

一般可用量筒量取，或用滴管吸取液体试剂。用滴管将液体滴入试管中时，用左手垂直地拿取试管，右手持滴管橡皮头将滴管放在试管口的正中上方(图 1.8)，然后挤压滴管的橡皮头，使液体滴入试管中，绝不可将滴管伸入试管中(图 1.9)，否则滴管口易沾上试管壁上的其他液体，再将此滴管放入试剂瓶中，会沾污瓶中的试剂。所用的若是滴瓶中的滴管，用完应立即插回原来的滴瓶中。不要把沾有液体药品的滴管横置或向上斜放，以免液体流入滴管的橡皮头。

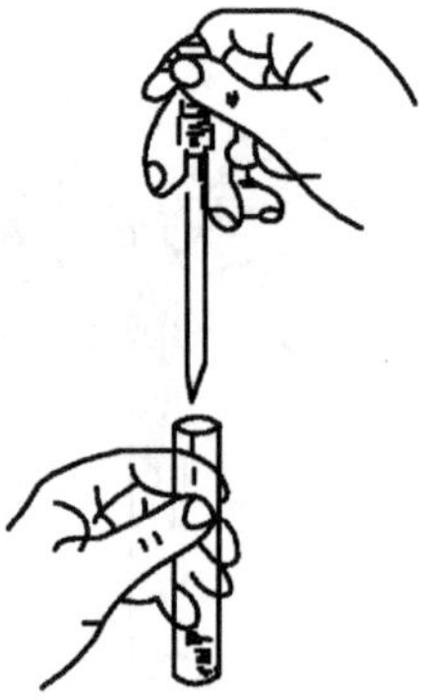

图 1.8 用滴管滴加少量液体试剂的正确操作

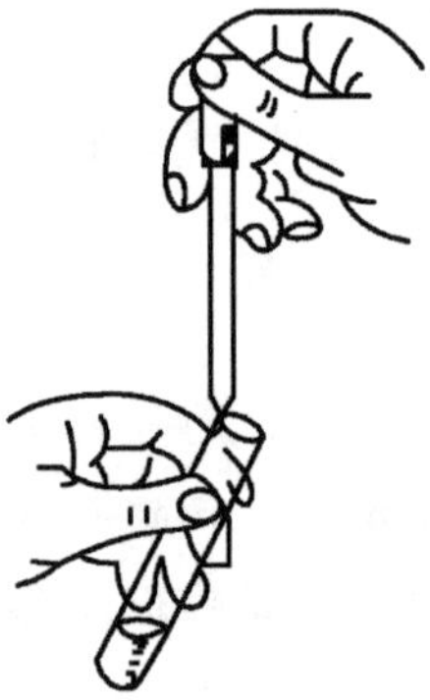

图 1.9 用滴管滴加少量液体试剂的不正确操作

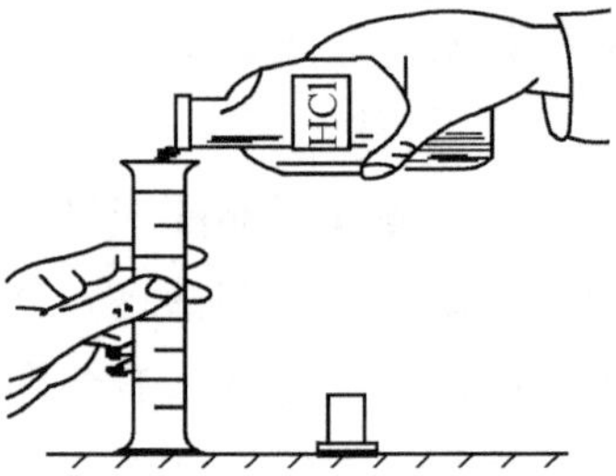

图 1.10 用量筒量取液体的操作

用量筒量取液体时，左手持量筒，并以大拇指指示所需体积的刻度处；右手持试剂瓶(试剂标签应朝向手心)，瓶口紧靠量筒口边缘，慢慢注入液体(图 1.10)到所指刻度。读取刻度时，视线应与液面在同一水平面上。若不慎倒出了过多的液体，只能弃去或转给他人用，不得倒回原瓶。

试剂取完，立即盖好瓶塞。实验室中试剂瓶的放置一般有一定的次序和位置，不得任意变动。若需移动时，用后应立即放回原处。

取用浓硫酸等腐蚀性药品时，要防止溅到眼睛里、皮肤上或洒在衣服上。若洒在实验台上，应立即用湿布擦去；若溅到眼睛或皮肤上，要立即用大量清水冲洗。

第二部分 基本实验

实验一 溶液的配制与酸碱滴定

实验目的

(1) 了解和学会实验室常用溶液的配制方法。

(2) 掌握移液管、容量瓶和滴定管的正确使用方法。

(3) 掌握酸碱滴定原理及滴定操作技术。

(4) 培养计算和处理数据的能力。

实验原理

(一) 溶液配制的基本方法

化学实验中通常配制的溶液有一般溶液和标准溶液。

1. 一般溶液的配制

配制一般溶液常用以下三种方法。

(1) 直接水溶法。对不发生水解而易溶于水的固体物质，如 NaOH、NaCl、$H_2C_2O_4$ 等，配制其溶液时，可用电子台秤称取一定量的固体于烧杯中，加入少量蒸馏水搅拌溶解后，转入试剂瓶，再用蒸馏水稀释至所需体积，摇匀即可。

(2) 介质水溶法。对易发生水解的固体物质，如 $BiCl_3$、$FeCl_3$、$SbCl_3$ 等，配制其溶液时，称取一定量的固体，加入适量一定浓度的酸(或碱)使之溶解，再用蒸馏水稀释，摇匀后转入试剂瓶。

对在水中溶解度较小的固体试剂，在选用合适的溶剂溶解后，稀释，摇匀转入试剂瓶。例如，固体 I_2 可先用 KI 水溶液溶解。

(3) 稀释法。对 HCl、HAc、H_2SO_4 等液态试剂，配制其稀溶液时，先用量筒量取所需量的浓溶液，然后用适量蒸馏水稀释。

对一些见光易分解的溶液，如 $Na_2S_2O_3$、$KMnO_4$、$AgNO_3$、KI、Na_2S 等，应储于棕色瓶；易发生氧化还原反应的溶液，如 Sn^{2+} 和 Fe^{2+} 溶液应分别放入一些 Sn 粒和 Fe 屑；容易发生化学腐蚀的溶液应储于合适的容器中。

2. 标准溶液的配制

标准溶液是指已知准确浓度的溶液。配制标准溶液的方法有两种。

(1) 直接配制法。用电子天平准确称取一定质量的基准物质于烧杯中，加入适量的蒸馏水搅拌溶解后，转入容量瓶，再用蒸馏水稀释至刻度，摇匀。其准确浓度可由称量的质量及定容的体积求得。

基准物质应具备以下条件：组成与化学式完全相符、纯度足够高、储存稳定、参与反应时应按反应计量方程式定量进行、有较大的相对分子质量。

(2) 间接配制法。不符合基准物质条件的试剂，不能用直接法配制标准溶液，可先配成近似于所需浓度的溶液，然后用基准物质或已知准确浓度的标准溶液标定其浓度。

（二）酸碱滴定

滴定是常用的测定溶液浓度的方法。将标准溶液（已知其准确浓度的溶液）由滴定管加入待测溶液中（也可以反过来滴加），直至它们相互反应达到滴定终点，这种操作称为滴定。此时，系统的酸和碱刚好完全中和，所以依据滴定到达终点时所消耗的酸（或碱）溶液的体积以及标准碱（或酸）溶液的浓度，可以计算出待测酸（或碱）溶液的浓度。

滴定终点的确定可借助于酸碱指示剂。指示剂本身是一种弱酸或弱碱，在不同 pH 范围内可显示出不同的颜色，滴定时应根据不同的滴定系统选用适当的指示剂，以减少滴定误差。实验室常用的酸碱指示剂有酚酞、甲基红、甲基橙等。

利用酸碱中和反应的中和滴定很容易测得酸碱的物质的量浓度（$mol \cdot L^{-1}$）。但要根据化学计量方程式来计算。例如：

$$NaOH+KHC_8H_4O_4 = KNaC_8H_4O_4+H_2O$$

其物质的量之关系为

$$n(碱):n(酸)=1:1$$

所以

$$c(碱)V(碱):c(酸)V(酸)=1:1$$

则

$$c(碱)V(碱)=c(酸)V(酸) \tag{2.1}$$

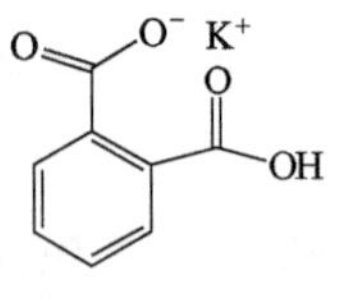

图 2.1 邻苯二甲酸氢钾结构

若已知邻苯二甲酸氢钾（$KHC_8H_4O_4$，结构如图 2.1 所示）浓度（标准溶液）及溶液体积，又测出滴定所消耗 NaOH 溶液体积，根据式（2.1）便可求未知（待测溶液）NaOH 溶液的物质的量浓度。这种利用已知浓度的标准溶液（或基准物质）通过滴定来确定未知溶液浓度的过程称为标定。

NaOH 固体具有很强的吸湿性，且易吸收空气中的 CO_2，称出的质量不能代表 NaOH 的真正质量，其中有一部分是 $NaHCO_3$ 或 Na_2CO_3。因此，不能用固体 NaOH 在容量瓶中配制成标准溶液，只能将 NaOH 固体配成大致浓度的溶液，再用已知浓度的酸溶液来标定它的浓度。

仪器、试剂及材料

1. 仪器

电子台秤、电子天平、量筒(10mL、25mL)、酸式滴定管(25mL)、碱式滴定管(25mL)、移液管(20mL)、容量瓶(250mL)、试剂瓶(500mL)、锥形瓶(250mL)、烧杯(50mL、100mL、250mL)、洗瓶、洗耳球、滴定台。

2. 试剂及材料

HCl(体积比 1∶1)、NaOH 溶液(约 $2mol \cdot L^{-1}$)、凡士林、邻苯二甲酸氢钾(固体)、酚酞乙醇溶液(0.2%)、甲基橙指示剂(0.1%)。

实验内容

(一)实验前准备

(1)检查所有仪器是否有破损，尤其移液管尖嘴是否破损，滴定管是否漏水，容量瓶盖是否密合。

(2)将有关仪器洗涤干净。

※(二)溶液的配制

(1)$0.1mol \cdot L^{-1}$ HCl 溶液的配制。用量筒量取 1∶1 盐酸 4.0～4.4mL，倒入 500mL 试剂瓶中，加入约 250mL 蒸馏水稀释，盖上瓶塞，充分摇匀，贴上标签待用。

(2)NaOH 溶液的配制。用量筒量取 $2mol \cdot L^{-1}$ NaOH 溶液约 12.5mL，倒入 500mL 试剂瓶中，再加约 240mL 蒸馏水稀释，塞好瓶口，充分摇匀，贴上标签待用。

(3)$0.1mol \cdot L^{-1}$ 邻苯二甲酸氢钾标准溶液的配制。用电子天平准确称取邻苯二甲酸氢钾 4.8～5.0g 于 50mL 烧杯中，加少量蒸馏水溶解后，转移至 250mL 容量瓶中，再用少量蒸馏水淋洗烧杯和玻璃棒数次，并将每次淋洗液全部转移至容量瓶中，最后加蒸馏水稀释至刻度，充分摇匀(参照第一部分“容量瓶的使用方法”)。计算其准确浓度。

(三)NaOH 溶液的标定

(1)用少量待测 NaOH 溶液润洗碱式滴定管两三次，然后装满 NaOH 溶液至零刻度以上，放出少量溶液以使滴定管尖嘴部分充满溶液，并将液面调至零刻度，稍静置片刻，记录初读数。

(2)将 20.00mL 移液管洗净，用少量标准邻苯二甲酸氢钾溶液润洗两三次后，吸取溶液 20.00mL 置于锥形瓶中，加酚酞指示剂 2 滴，均匀混合。

(3)将滴定管中的 NaOH 溶液滴入锥形瓶中，不断摇动使溶液混合均匀。接近终点时，用洗瓶中蒸馏水淋洗锥形瓶内壁，然后继续逐滴加入 NaOH 溶液，滴至锥形瓶中的溶液由无色突变为粉红色，摇动半分钟内不褪色为滴定终点(参照第一部分“滴定管的使用方法”），记下滴定管读数(读数精确到哪一位？)。

另取两份邻苯二甲酸氢钾标准溶液，重复上述操作两次，要求耗用 NaOH 的体积相差不超过 0.10mL(注意三次测定结果的精密度与准确度)，取三次符合要求的结果计算平均值，以此计算 NaOH 溶液的准确浓度。

根据邻苯二甲酸氢钾标准溶液的浓度和体积以及消耗NaOH溶液的体积，计算NaOH溶液的浓度。

(四) HCl 溶液浓度的确定

(1) 用少量待测 HCl 溶液润洗酸式滴定管两三次，然后装满 HCl 溶液至零刻度以上，放出少量溶液以使滴定管活塞以下部分充满溶液，并将液面调至接近零刻度，稍置片刻，记录初读数。

(2) 将 20.00mL 移液管洗净，用少量NaOH标准溶液润洗两三次后，吸取溶液 20.00mL 置于锥形瓶中，加甲基橙指示剂两滴，均匀混合。

(3) 将滴定管中的 HCl 溶液滴入锥形瓶中，不断振摇使溶液混合均匀。接近终点时，用洗瓶中蒸馏水淋洗锥形瓶内壁，然后继续逐滴加入 HCl 溶液，滴至锥形瓶中的溶液由黄色恰变为橙色，为滴定终点，记下滴定管读数。

另取两份 NaOH 标准溶液，重复上述操作两次，要求耗用 HCl 的体积相差不超过 0.10mL，取三次符合要求的结果计算平均值(注意三次测定结果的精密度与准确度)，以此计算 HCl 溶液的准确浓度。

(五) 数据记录及处理

(1) 记录邻苯二甲酸氢钾固体的质量________g 及其溶液的体积__________mL。

计算邻苯二甲酸氢钾标准溶液的浓度__________$mol \cdot L^{-1}$。

(2) NaOH 溶液浓度的标定(表 2.1)。

记录邻苯二甲酸氢钾标准溶液的体积__________mL。

表 2.1 标定 NaOH 溶液浓度的实验数据记录及处理

项目＼次数	1	2	3
碱式滴定管初始读数/mL			
碱式滴定管最终读数/mL			
滴定消耗 NaOH 溶液的体积/mL			
NaOH 溶液的浓度/($mol \cdot L^{-1}$)			
NaOH 溶液平均浓度/($mol \cdot L^{-1}$)			

(3) HCl 溶液浓度的确定(表 2.2)。

记录 NaOH 标准溶液的浓度_______$mol \cdot L^{-1}$，NaOH 标准溶液的体积_______mL。

表 2.2 确定 HCl 溶液浓度的实验数据记录及处理

项目 \ 次数	1	2	3
酸式滴定管初始读数/mL			
酸式滴定管最终读数/mL			
滴定消耗 HCl 溶液的体积/mL			
HCl 溶液的浓度/($mol \cdot L^{-1}$)			
HCl 溶液平均浓度/($mol \cdot L^{-1}$)			

滴定过程中应注意：

(1) 滴定初始阶段液滴流出速度可适当快些，但不能滴成“水线”，接近终点时应逐滴加入，观察溶液颜色的变化。最后控制滴加半滴即到达滴定终点。

(2) 滴定完毕，滴定管下端的尖嘴外面不应留有液滴。

(3) 在滴定过程中，酸液可能溅到锥形瓶内壁，因此接近滴定终点时应该用洗瓶吹出少量的蒸馏水冲洗锥形瓶的内壁，以减少误差。

实验预习题

(1) 是否可以直接配制准确浓度的 HCl 和 NaOH 溶液？为什么？

(2) 为什么在洗涤移液管和滴定管时，最后都要用被量取的溶液润洗几次？锥形瓶也要用同样的方法洗涤吗？

(3) 滴定管装入溶液后没有将下端尖管的气泡赶尽就读取液面读数，对实验结果有何影响？

(4) 滴定结束后发现：①滴定管末端液滴悬而不落；②溅在锥形瓶壁上的液滴没有用蒸馏水冲下；③滴定管未洗净，管壁内挂有液滴。它们对实验结果各有何影响？

(5) 滴定过程中如何避免酸式滴定管活塞漏液？(活塞是磨口玻璃活塞与聚四氟乙烯活塞，分别如何处理)

(6) 为什么每次滴定的初读数都要从接近零刻度开始？

实验二　乙酸解离常数的测定及其缓冲溶液的配制

实验目的

(1) 了解 pH 计法测定弱酸解离度和解离常数的原理和方法，加深对解离度和解离常数的理解。

(2) 学习 pH 计的正确使用方法。

(3) 学习缓冲溶液的配制方法，加深对缓冲溶液性质及作用的理解。

实验原理

(一) pH 计法测定乙酸的解离度和解离常数

测定乙酸(HAc)溶液的 pH，计算 HAc 的解离常数 $K_a^\ominus$ 及解离度 α。pH 代表溶液中氢离子浓度的负对数，即

$$pH = -\lg[c(H^+)/c^\ominus] \tag{2.2}$$

在一定温度下，用 pH 计(如 pHS-3C 型酸度计)测定一系列已知浓度的 HAc 的 pH，再换算成 $c(H^+)$。

乙酸在水溶液中的解离平衡	$HAc \rightleftharpoons$	H^+	$+ Ac^-$
起始浓度/$(mol \cdot L^{-1})$	c	0	0
平衡时浓度/$(mol \cdot L^{-1})$	$c - c\alpha$	$c\alpha$	$c\alpha$

$$\begin{aligned} K_a^\ominus &= \frac{[c(H^+)/c^\ominus]\cdot[c(Ac^-)/c^\ominus]}{c(HAc)/c^\ominus} = \frac{(c\alpha)^2}{c - c\alpha}(c^\ominus)^{-1} \\ &= \frac{c\alpha^2}{1-\alpha}(c^\ominus)^{-1} = c\alpha^2(c^\ominus)^{-1}\ (\alpha \ll 1) \end{aligned} \tag{2.3}$$

式中：c——HAc 的起始浓度，$mol \cdot L^{-1}$；

　α——解离度。

根据 $c(H^+) = c\alpha$，便可求得一系列不同浓度 HAc 的 α 值及 $K_a^\ominus$ 值。计算公式如下：

$$\alpha = \frac{c(H^+)}{c(HAc)_{起始}} \qquad K_a^\ominus = \frac{c^2(H^+)}{c(HAc)_{起始}}(c^\ominus)^{-1} \tag{2.4}$$

(二) 缓冲溶液的配制

缓冲溶液是一种能抵抗外来少量强酸、强碱或稍加稀释，而其 pH 几乎保持不变的

溶液。缓冲溶液一般由弱酸(HB)和其共轭碱(B^-)组成。缓冲溶液的 pH 可通过式(2.5)计算:

$$\mathrm{pH}=\mathrm{p}K_a^{\ominus}(\mathrm{HB})+\lg\frac{c(\mathrm{B}^-)}{c(\mathrm{HB})} \tag{2.5}$$

式(2.5)表明了缓冲溶液的 pH 取决于弱酸的解离常数($K_a^{\ominus}$)以及溶液中所含弱酸与其共轭碱的浓度比。

配制缓冲溶液时，若使用相同浓度的共轭酸碱对，式(2.5)中浓度比可用体积比代替，即

$$\mathrm{pH}=\mathrm{p}K_a^{\ominus}(\mathrm{HB})+\lg\frac{V(\mathrm{B}^-)}{V(\mathrm{HB})} \tag{2.6}$$

人体血液就是依赖于缓冲作用维持其 pH 为 7.35～7.45，否则就会生病甚至死亡。维持人体血液稳定 pH 的缓冲溶液系统主要是 HCO_3^--H_2CO_3、HPO_4^{2-}-$H_2PO_4^-$、血红蛋白质-蛋白质盐(HHb-KHb)、带氧血红蛋白质-带氧血红蛋白质盐($HHbO_2$-$KHbO_2$)等。在科研和生产实践中，可根据所需 pH 缓冲范围来选用缓冲溶液。

仪器、试剂及材料

1. 仪器

pH 计、容量瓶(50mL)、移液管(25mL)、吸量管(20mL、10mL、5mL、1mL)、烧杯(50mL、100mL、250mL)、量筒(25mL)、洗耳球。

2. 试剂及材料

HAc($0.1\mathrm{mol\cdot L^{-1}}$、$2\mathrm{mol\cdot L^{-1}}$)、NaOH($1\mathrm{mol\cdot L^{-1}}$、$2\mathrm{mol\cdot L^{-1}}$)、HCl($1\mathrm{mol\cdot L^{-1}}$)、NaAc($0.1\mathrm{mol\cdot L^{-1}}$)。

实验内容

(一)配制不同浓度的乙酸溶液

用酸式滴定管分别放出 5.00mL、10.0mL 和 20.00mL 乙酸标准溶液，分别置于三个 50mL 容量瓶中，向其中分别加入蒸馏水至标线并摇匀。计算出各乙酸溶液的准确浓度。

(二)测定不同浓度乙酸溶液的 pH

将已配制的三种不同浓度的溶液及 HAc 原溶液分别盛于四个干燥的 50mL 烧杯中(若烧杯内有水，需用少许所盛溶液清洗两三次)，烧杯内溶液的量以使电极能浸入溶液中为宜，不得过多或过少。按溶液浓度由低到高的顺序分别用 pH 计测其 pH(精确至 0.01)，记下实验室的温度。根据所测得的实验数据，计算出不同浓度的乙酸溶液的解离度和解离常数，并求出在测量温度下解离常数的平均值(表 2.4)。

※(三)缓冲溶液的配制

(1)计算配制 pH=4.60 的缓冲溶液 120mL 所需的 0.1 mol·L^{-1} HAc($pK_a^\ominus = 4.75$)溶液与 0.1 mol·L^{-1}NaAc 溶液的体积。

根据计算结果，用滴定管放出 0.1mol·L^{-1} HAc 溶液和 0.1mol·L^{-1} NaAc 溶液，置于 250mL 烧杯中混匀。用 pH 计测量该溶液的 pH，并记录其 pH。

(2)缓冲溶液的性质。

按照表 2.3 提供的数据，用酸式滴定管放出各种溶液，并测量其溶液的 pH。再按表 2.3 列出的数据加入一定量的酸、碱或纯水，再测量其溶液的 pH。求出ΔpH，并说明缓冲溶液的性质。

表 2.3 缓冲溶液中加入酸、碱或纯水后对 pH 的影响

编号	溶液	pH	加入酸、碱或纯水	pH	ΔpH
1	20mL NaAc-HAc		0.25mL 1mol·L^{-1}HCl		
2	20mL NaAc-HAc		0.25mL 1mol·L^{-1} NaOH		
3	20mL NaAc-HAc		20mL 纯水		
4	20mL 0.1mol·L^{-1} NaAc		0.25mL 1mol·L^{-1}HCl		
5	20mL 0.1mol·L^{-1} NaAc		0.25mL 1mol·L^{-1} NaOH		
6	20mL 0.1mol·L^{-1} HAc		0.25mL 1mol·L^{-1}HCl		
7	20mL 0.1mol·L^{-1} HAc		0.25mL 1mol·L^{-1} NaOH		

(四)数据记录及处理

实验所得数据记录在表 2.3 和表 2.4 中。

乙酸标准溶液浓度____________ mol·L^{-1}，温度____________℃。

表 2.4 乙酸解离常数的测定

编号	乙酸标准溶液体积 /mL	乙酸溶液浓度 /(mol·L^{-1})	pH	解离度 α	解离常数 ($K_a^\ominus$)	解离常数平均值 ($\bar{K}_a^\ominus$)
1						
2						
3						
4						

实验预习题

(1)用 pH 计测定溶液 pH 之前为什么要先用标准缓冲溶液进行校正？

(2)用测定数据说明解离度随浓度改变是怎样变化的，解离常数是否是一个常数。

(3)用 pH 计测定 pH 时，操作步骤中主要的几点是什么？

(4)所配制的缓冲溶液理论 pH 与实验测量值为何不同？哪些因素造成其差异？

(5)缓冲溶液除能抵抗外来少量强酸、强碱之外，能否抵抗少量水的稀释？

【附】

STARTER 3100 型酸度计的使用说明

一、测量原理

STARTER 3100 型酸度计(图 2.2)采用全量程常温复合电极作为 pH 测量电极。当被测溶液中的氢离子浓度不同时，电极产生不同的直流电势，该电势经过转换变成数字量，由 LED 显示溶液 pH 或 mV 值。

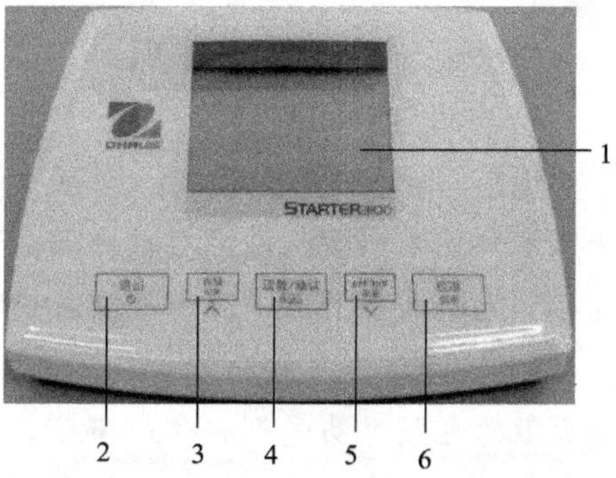

图 2.2 STARTER 3100 型酸度计面板示意图

1. 读数显示屏；2. 开机/关机键；3. 存储/回显键；4. 读数/确认键；5. pH/mV 设置键；6. 校准键

当一对电极或复合电极浸入被测溶液时，电极产生的电势符合式(2.7)

$$E=E_0-2.303\frac{RT}{F}\text{pH} \qquad (2.7)$$

式中：E——产生的电极电势，V；

E_0——标准电极电势，V；

R——摩尔气体常量，$8.314\text{J}\cdot\text{mol}^{-1}\cdot\text{K}^{-1}$；

T——热力学温度，K；

F——法拉第常量，$96485\text{C}\cdot\text{mol}^{-1}$；

pH——被测溶液和电极溶液之间的 pH 差值。

其中 E_0 随各支电极和测量条件而异。但对于复合电极，在一定条件下，可将 E_0 看作常数。

二、STARTER 3100 型酸度计的使用方法

1. 仪器的校正

(1)配制 pH=7、pH=4(或 pH=9，根据被测溶液酸碱度而定，如被测溶液是酸性，则用 pH=4.00；反之被测溶液是碱性，应用 pH=9.18；校正液与被测液的 pH 越接近，则测试精度越高)标准溶液，分别倒入烧杯中。

(2)将电极从氯化钾溶液瓶中取出，用纯净水冲洗电极头，并用滤纸吸干水分，但不要用滤纸摩擦电极球泡。然后将电极浸入 pH=7 标准溶液中，轻轻晃动溶液以加速响应时间，按“校准”键，待电极图标不再闪烁，按“读数”键。在校准过程中，屏幕左下角显示“Cal 1”，此时“Cal 1”闪烁。屏幕上方校准图标“Cal”和电极图标显示(温度pH 对照表：pH=7 标准溶液 20℃时的标准值是 6.88)。

(3)按照上面步骤(2)，将清洗擦干后的电极浸入 pH=4(或 pH=9)的缓冲溶液中，并按“校准”键，待电极图标不再闪烁，按“读数”键。完成两点校准。

2. 溶液 pH 测量

电极在测量前需做校准并确认状态良好后，方可进行样品溶液 pH 的测量。

(1)短按“pH/mV”设置键，屏幕显示“pH”，将清洗擦干后的电极浸入被测溶液中，并按“读数”键进行测量，当电极图标不再闪烁，记录数据，即为被测溶液的 pH。

(2)重复上述步骤(1)，直至所有溶液的 pH 测量完毕。

(3)按“退出”键，关闭仪器。将电极冲洗干净后，浸入氯化钾溶液中。

3. 电极电势的测量

短按“pH/mV”设置键，屏幕显示“mV”。mV 的测量操作同 pH 测量一样，即将清洗擦干后的电极浸入被测溶液中，并按“读数”键进行测量，当图标不再闪烁，记录数据，即为电极在溶液中产生的实际电势值，单位为 mV。但 mV 模式下不能做校准。

注：pH 玻璃电极测量 pH 的核心部件是位于电极末端的玻璃薄膜，该部分是整个仪器最敏感也最容易受到损伤的部位。在清洗和使用的过程中，应该避免任何不小心造成的碰撞。使用滤纸吸干电极表面残留液时也要小心，不要反复擦拭。如果使用磁力搅拌，在测量时应保证电极与溶液底部有一定的距离，以防止磁棒碰到电极。如发现电极有问题，可用 $0.1mol \cdot L^{-1}$ HCl 溶液浸泡电极 0.5h，再放入 $4mol \cdot L^{-1}$ KCl 溶液中保存。

实验三　磺基水杨酸合铁（Ⅲ）配合物的组成及稳定常数的测定

实验目的

(1) 了解用分光光度法测定配位化合物的组成及配离子稳定常数的原理和方法。

(2) 学习分光光度计的使用方法。

实验原理

磺基水杨酸(结构式为 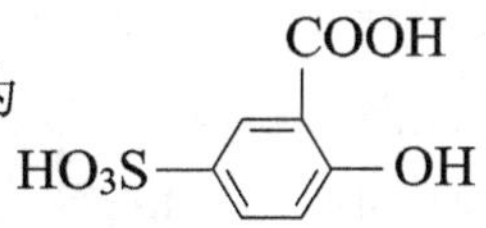，简式为 H_3L) 与三价铁可以形成稳定的配合物，其组成因溶液 pH 的不同而不同。在 pH 为 4～9 时，生成有 2 个配位体的红色螯合物；在 pH 为 9～11.5 时，生成有 3 个配位体的黄色螯合物；在 pH 为 2～3 时，生成有 1 个配位体的紫红色螯合物。化学反应计量方程式为

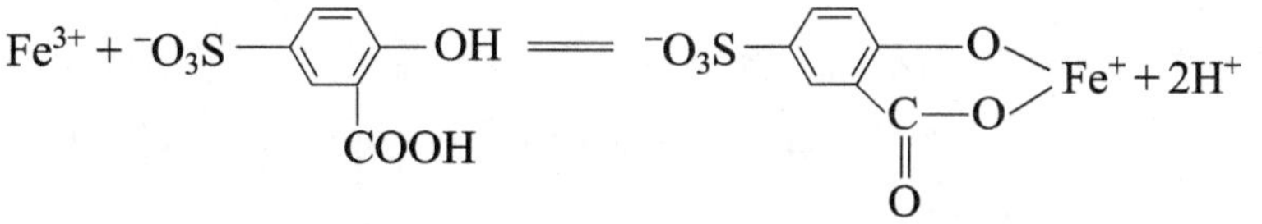

简写为

$$M + L \rightleftharpoons ML$$

本实验是在 pH＜2.5 条件下以 500nm 单色光进行测定的。其原理是根据有色物质对光有选择性地吸收，吸收强度可用朗伯-比尔定律计算

$$A = Kcl \tag{2.8}$$

式中：A——溶液吸光度；

K——摩尔吸光系数；

c——有色溶液浓度；

l——有色溶液厚度。

当入射光的波长、温度及比色皿均一定时，吸光度 A 只与有色溶液的浓度 c 成正比。由于所测溶液中磺基水杨酸是无色的，三价铁溶液的浓度很小，可以认为是无色的，只有磺基水杨酸合铁配离子是有色的，因此吸光度只与配离子的浓度成正比。用浓比递变法测定一系列溶液的吸光度，便可求出该配合物的组成和稳定常数。

配制一系列 M 和 L 的总物质的量相等，但 M 和 L 的摩尔分数连续变化的溶液(浓比递变法)，如 L 的摩尔分数依次为 0、0.1、0.2、0.3、…、0.9、1.0。显然，在这一系列溶液中，当有 M 或 L 过量时形成的配合物浓度不大，且形成的配合物不解离，溶液中配离子浓度呈线性递变；当 M 和 L 之比恰好等于配离子的组成时，ML 的浓度最大，吸光

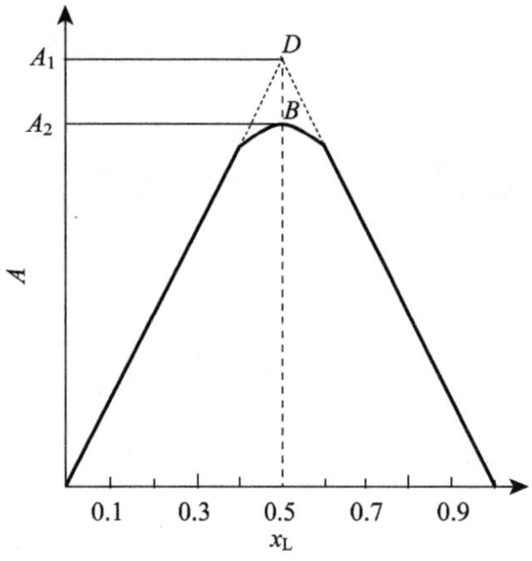

图 2.3 配位体摩尔分数-吸光度图

度最大。以吸光度 A 为纵坐标，配位体的摩尔分数 x_L 为横坐标作图，可以得到两条直线，这两条直线的延长线相交于点 D，此处的组成即为配合物的组成。如图 2.3 所示，根据最大吸收处配位体摩尔分数是 0.5，则中心离子摩尔分数为 1.0 – 0.5 = 0.5。所以

$$\frac{配位体摩尔分数}{中心离子摩尔分数}=\frac{0.5}{0.5}=1$$

由此可知，该配离子或配合物的组成为 ML 型。

配合物的稳定常数也可根据图 2.3 求得。图中 D 处的吸光度 A_1 是不考虑 ML 配离子解离时的吸光度。由于在此溶液中没有过量的 M 或 L 存在，所以配离子必然部分解离，但其实际浓度要比理论浓度小，实际测得的最大吸光度应在 B 处，即为 A_2，此时 ML 的解离度为

$$\alpha=\frac{(A_1-A_2)/Kl}{A_1/Kl}=\frac{A_1-A_2}{A_1}$$

ML 的表观稳定常数可由下列平衡关系求得

	ML	═══	M	+	L
起始相对浓度/($mol\cdot L^{-1}$)	c		0		0
平衡相对浓度/($mol\cdot L^{-1}$)	$c-c\alpha$		$c\alpha$		$c\alpha$

$$K_{稳}^{\ominus}=\frac{c-c\alpha}{(c\alpha)(c\alpha)}=\frac{1-\alpha}{c\alpha^2}$$

仪器、试剂及材料

1. 仪器

分光光度计、电子天平、容量瓶(50mL、100mL)、移液管(10mL)、烧杯(50mL 干燥的，500mL)、锥形瓶(50mL 干燥的)、洗耳球。

2. 试剂及材料

$HClO_4$($0.0100mol\cdot L^{-1}$)、磺基水杨酸 H_3L、$Fe(NH_4)(SO_4)_2$($0.0100mol\cdot L^{-1}$)。

实验内容

(一)配制溶液

(1)配制 $0.0010mol\cdot L^{-1}$ Fe^{3+}溶液。用 10mL 移液管吸取 10.0mL $0.0100mol\cdot L^{-1}$ 硫酸高铁铵溶液，注入 100mL 容量瓶中，用 $0.0100mol\cdot L^{-1}$ $HClO_4$ 溶液稀释至刻度，摇匀备用。

(2)配制 $0.0010mol\cdot L^{-1}$ 磺基水杨酸溶液。用电子天平准确称取 0.1271g 磺基水杨酸于

50mL 烧杯中，用少量 0.0100mol·L^{-1} $HClO_4$ 溶液溶解后转移至 50mL 容量瓶中，用 0.0100mol·L^{-1} $HClO_4$ 溶液稀释至刻度，摇匀，得到 0.0100mol·L^{-1} 磺基水杨酸溶液。

用 10mL 移液管吸取 10.0mL 0.0100mol·L^{-1} 磺基水杨酸溶液，注入 100mL 容量瓶中，用 0.0100mol·L^{-1} $HClO_4$ 溶液稀释至刻度，摇匀备用，即得到 0.0010mol·L^{-1} 磺基水杨酸溶液。

(二)浓比递变法测定有色配离子或配位化合物的吸光度

(1)用 10mL 移液管按表 2.5 内的数量分别移取各溶液，分别注入已编号的 50mL 锥形瓶中，并摇匀各溶液。

(2)调整好分光光度计，选定波长为 500nm 的光源。

(3)取 4 个 1cm 的比色皿，向其中一个加入 0.0100mol·L^{-1} $HClO_4$ 溶液(用作参比溶液，放在比色皿架中第一格内)，其余 3 个比色皿分别加入(1)配制的各溶液至比色皿容积的 3/4。测量各溶液的吸光度 A，并记录数据。每次测定必须用 $HClO_4$ 溶液校正零点，记录稳定的数值(注意比色皿在使用前必须用待测液润洗)。

(三)数据记录及处理

(1)数据记录和计算(表 2.5)。

表 2.5　实验数据记录及处理

溶液编号	0.0010mol·L^{-1} Fe^{3+}/mL	0.0010mol·L^{-1} 磺基水杨酸/mL	磺基水杨酸摩尔分数 x^*	吸光度 A
1	10.0	0.0		
2	9.0	1.0		
3	8.0	2.0		
4	7.0	3.0		
5	6.0	4.0		
6	5.0	5.0		
7	4.0	6.0		
8	3.0	7.0		
9	2.0	8.0		
10	1.0	9.0		
11	0.0	10.0		

*这里的磺基水杨酸摩尔分数 $x = n$(磺基水杨酸)/[n(磺基水杨酸)+n(Fe^{3+})]。

(2) 以吸光度 A 对配位体摩尔分数 x 作图，求出磺基水杨酸合铁的组成，并计算其表观稳定常数(写出计算过程)。

实验预习题

(1) 本实验测定配位化合物的组成及稳定常数的原理是什么？

(2) 用移液管量取溶液时，如液面不恰好在标线，会给测定带来什么影响？

(3) 什么是浓比递变法？如何用作图法计算配离子或配位化合物的组成和稳定常数？

(4) 使用比色皿时应注意什么？

【附】

722G 型分光光度计的操作说明

一、工作原理

在 722G 型分光光度计(图 2.4)内，光源灯发出的光经聚焦入射狭缝后进入单色器，单色器中的光栅使光束发散成为连续光谱，由反射镜聚焦后送到出射狭缝，由此通过一个消光器消除衍射光栅产生的二级光谱后，使单色光进入样品室，通过溶液后，照射到硅光电池并产生电信号，再进行放大处理。

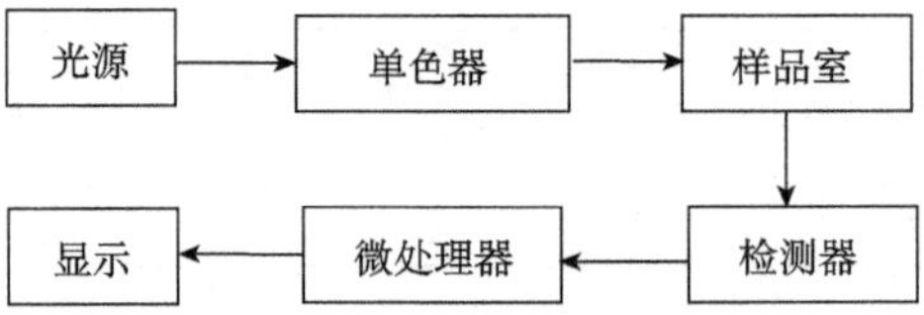

图 2.4　722G 型分光光度计结构原理

722G 型分光光度计使用一个特殊的输出末端，使分光光度计与曲线记录仪相接，或与可接受 0～3V 直流信号的任何计算机相接。

二、使用方法

(1) 仪器连接到带接地线的插座上。

(2) 盖上样品室上盖，开机预热不少于 30min。

(3) 通过波长旋钮选择分析波长(图 2.5)。此实验选择 500nm 分析波长，转动波长旋钮，设置在 500nm 处。

(4) 按“MODE”选择键，选择透光率“T”状态，在一个比色皿中加入 $HClO_4$ 溶液作为参比，放在比色皿架第一格中(在本实验的整个测试过程中，参比溶液保持不动)，其余各格中放装有待测溶液的比色皿。

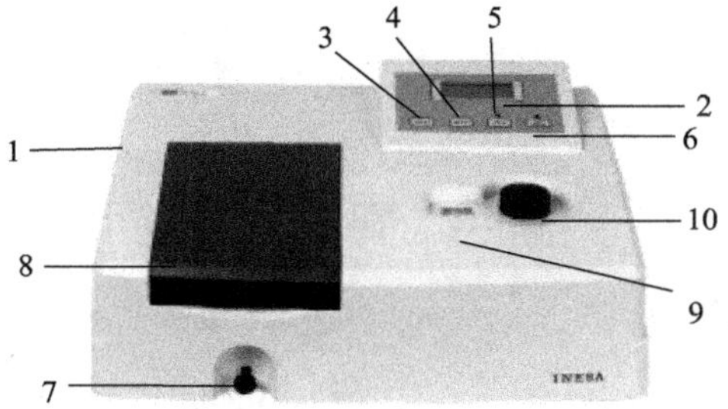

图 2.5 722G 型分光光度计的外形示意图

1. 电源开关；2. 液晶数字显示；3. MODE 键；4. PRINT 键；5. 0%*T* 键；6. $\frac{\text{AO}}{100\%T}$ 键；7. 拉杆；8. 样品室；9. 波长读数窗口；10. 波长控制旋钮

(5) 在样品室放置好参比溶液状态下，打开样品室箱盖，按“0%*T*”键，使显示为“0.0”；合上盖，按“$\frac{\text{AO}}{100\%T}$”键，使显示为“100.0”。

(6) 按“MODE”选择键，选择吸光度“*A*”状态，显示应为“0.000”。若不是，按“$\frac{\text{AO}}{100\%T}$”键，使显示为“0.000”。仍在吸光度“*A*”状态下，然后拉动拉杆测试 2～4 格的待测溶液的吸光度 *A*，并记录好数据。

(7) 测试下一批待测溶液时，先重复步骤(6)中对参比溶液在吸光度“*A*”状态下的校正，再测试待测溶液的吸光度 *A*，并记录好数据。

注：手持比色皿的毛面，用待测液润洗比色皿，溶液的高度为比色皿高度的 3/4，用镜头纸吸干比色皿表面。测试结束后，用洗瓶将比色皿冲洗干净，倒扣在滤纸上。

实验四　离子平衡

一、电解质溶液

实验目的

(1)学会运用弱电解质的解离平衡理论、溶度积理论，掌握解离平衡移动的规律及沉淀反应的规律。

(2)加深对溶度积等概念的理解，增强对在化工生产、化学分析中有实际意义的沉淀反应的感性认识。

实验原理

(一)若 AB 为弱酸(或弱碱)

在水溶液中存在下列平衡：

$$AB \rightleftharpoons A^+ + B^-$$

在此平衡系统中加入含有相同离子 A^+或 B^-的另一种电解质时，平衡向生成 AB 分子的方向移动，从而使弱电解质 AB 的解离度降低，这种现象称为同离子效应。

(二)若 AB 为难溶强电解质

难溶强电解质的饱和溶液存在以下平衡：

$$AB(s) \underset{\text{结晶}}{\overset{\text{溶解}}{\rightleftharpoons}} A^+ + B^-$$

在此平衡系统中加入含有相同离子 A^+或 B^-的另一种强电解质，平衡也向生成 AB 的方向移动，使难溶强电解质的溶解度降低，这种现象也称为同离子效应。

在一定条件下，某一难溶电解质的沉淀能否生成或溶解，可根据溶度积规则来判断。$K_{sp}^{\ominus}$(溶度积)表示难溶电解质饱和溶液中有关离子浓度的乘积，它在一定温度下为一常数；$\prod_B(b_B/b^{\ominus})^{\nu_B}$ 则表示任意情况下有关离子浓度的乘积，其数值不是常数。

在任何给定的溶液中，$\prod_B(b_B/b^{\ominus})^{\nu_B}$ 和 $K_{sp}^{\ominus}$ 之间可能有三种情况，借此可以判断沉淀的生成或溶解：

(1) $\prod_B(b_B/b^{\ominus})^{\nu_B}=K_{sp}^{\ominus}$，系统是饱和溶液，此状态下并无沉淀析出。

(2) $\prod_B(b_B/b^{\ominus})^{\nu_B}<K_{sp}^{\ominus}$，系统是未饱和溶液，不会有沉淀析出。若有沉淀存在，沉淀将溶解，直至溶液饱和。

(3) $\prod_B (b_B / b^\ominus)^{\nu_B} > K_{sp}^\ominus$，系统中将有沉淀析出，直至溶液成为饱和溶液。若系统中无沉淀，则为过饱和溶液。

(三) 分步沉淀

实际溶液往往是含有多种离子的混合液。当加入某种沉淀剂时，可能与溶液中几种离子发生沉淀反应，一些离子先沉淀，一些离子后沉淀，这种现象称为分步沉淀。沉淀的先后次序可根据溶度积规则加以判断，溶液中离子积先达到其溶度积常数的先沉淀，后达到的后沉淀。

仪器、试剂及材料

1. 仪器

试管、试管架、烧杯(50mL)、量筒(10mL)、玻璃棒、离心机。

2. 试剂及材料

HAc($0.1mol \cdot L^{-1}$)、甲基橙、酚酞、$PbCl_2$(饱和)、NaAc(饱和)、$NH_3 \cdot H_2O$($0.01mol \cdot L^{-1}$)、NH_4Ac(饱和及 $0.1mol \cdot L^{-1}$)、KI($0.1mol \cdot L^{-1}$)、HCl($1mol \cdot L^{-1}$)、$Pb(NO_3)_2$($0.1mol \cdot L^{-1}$)、Na_2S($0.1mol \cdot L^{-1}$)、NaCl($0.01mol \cdot L^{-1}$、$0.1mol \cdot L^{-1}$、$0.2mol \cdot L^{-1}$、$1.0mol \cdot L^{-1}$)、K_2CrO_4($0.1mol \cdot L^{-1}$)、$AgNO_3$($0.1mol \cdot L^{-1}$)、NH_4Cl(饱和)、Na_2S($0.1mol \cdot L^{-1}$)、NaOH($2mol \cdot L^{-1}$)、$MgCl_2$($0.05mol \cdot L^{-1}$)、蒸馏水。

实验内容

(一) 同离子效应

1. 弱电解质溶液中的同离子效应

(1) 向一支试管中加入约 10 滴 HAc 溶液($0.1mol \cdot L^{-1}$)及 1 滴甲基橙指示剂，摇匀，等分于两支试管中。向其中一支试管中加入 2 滴 NaAc 饱和溶液，与另一支比较，观察现象。

(2) 向一支试管中加入约 10 滴的 $NH_3 \cdot H_2O$($0.01mol \cdot L^{-1}$)及 1 滴酚酞指示剂，摇匀，等分于两支试管中。向其中一支试管中加入 2 滴 NH_4Ac 饱和溶液，与另一支比较，观察现象。

2. 难溶强电解质溶液中的同离子效应

在一支试管中加入 5 滴 $PbCl_2$ 饱和溶液。慢慢地加入 4 滴 HCl 溶液($1mol \cdot L^{-1}$)，观察现象。

用同离子效应解释上述三个实验的现象。

（二）溶度积规则的应用

1. 沉淀的生成

向两支试管中分别加入10滴$Pb(NO_3)_2$溶液（$0.1mol\cdot L^{-1}$），再分别加入5滴不同浓度的NaCl溶液（第一支试管为$1.0mol\cdot L^{-1}$，第二支为$0.01mol\cdot L^{-1}$），观察现象，解释之[$K_{sp}^{\ominus}(PbCl_2)=1.70\times10^{-5}$]。

2. 分步沉淀

(1) 向一支试管中加入约5滴NaCl溶液（$0.1mol\cdot L^{-1}$）及5滴K_2CrO_4溶液（$0.1mol\cdot L^{-1}$），摇匀后慢慢地滴加$AgNO_3$溶液（$0.1mol\cdot L^{-1}$），边加边振荡，观察沉淀颜色的改变。通过离子积的计算说明AgCl与Ag_2CrO_4沉淀的先后顺序[$K_{sp}^{\ominus}(AgCl)=1.77\times10^{-10}$，$K_{sp}^{\ominus}(Ag_2CrO_4)=1.12\times10^{-12}$]。

(2) 向一支试管中加入3滴Na_2S溶液（$0.1mol\cdot L^{-1}$）及3滴K_2CrO_4溶液（$0.1mol\cdot L^{-1}$）。再加10滴蒸馏水，摇匀后加入3滴$Pb(NO_3)_2$溶液（$0.1mol\cdot L^{-1}$），观察沉淀的颜色。离心分离后，在上部清液中再加入3滴$Pb(NO_3)_2$溶液（$0.1mol\cdot L^{-1}$），观察沉淀的颜色。根据溶度积规则解释之[$K_{sp}^{\ominus}(PbS)=8.0\times10^{-28}$，$K_{sp}^{\ominus}(PbCrO_4)=2.8\times10^{-13}$]。

3. 沉淀的转化

向一支试管中加入5滴$AgNO_3$溶液（$0.1mol\cdot L^{-1}$）及5滴NaCl溶液（$0.1mol\cdot L^{-1}$），观察沉淀的颜色。再加入10滴KI溶液（$0.1mol\cdot L^{-1}$），沉淀颜色有何变化？根据溶度积规则解释之[$K_{sp}^{\ominus}(AgCl)=1.77\times10^{-10}$，$K_{sp}^{\ominus}(AgI)=8.52\times10^{-17}$]。

4. 沉淀的溶解

向一支试管中加入5滴$MgCl_2$溶液（$0.05mol\cdot L^{-1}$）及2滴NaOH溶液（$2mol\cdot L^{-1}$），观察现象。再加入3滴NH_4Cl饱和溶液，再观察现象，写出有关的离子方程式{$K_{sp}^{\ominus}[Mg(OH)_2]=5.61\times10^{-12}$}。

实验预习题

(1) 计算等体积HAc溶液和NaAc溶液（均为$0.1mol\cdot L^{-1}$）混合后溶液的pH。

(2) 根据溶度积规则判断：向10滴$Pb(NO_3)_2$溶液（$0.1mol\cdot L^{-1}$）中加入10滴NaCl溶液（$0.2mol\cdot L^{-1}$）或10滴NaCl溶液（$0.01mol\cdot L^{-1}$），哪种能生成沉淀？

二、配位化合物

实验目的

(1) 通过几种不同类型配离子的实验，加深对配位平衡及平衡移动的理解。

(2) 增强对配位化合物、螯合物形成的感性认识。

实验原理

由一个简单正离子和几个中性分子(或负离子)结合形成的复杂离子称为配位离子或配离子，含有配离子的化合物称为配位化合物，如 $[Ag(NH_3)_2]^+$、$[Cu(NH_3)_4]^{2+}$分别为银氨配离子、铜氨配离子，$[Ag(NH_3)_2]Cl$、$[Cu(NH_3)_4]SO_4$为配位化合物。

配合物的组成中，有一个带正电荷的中心离子(如Ag^+、Cu^{2+})，称为配离子的形成体。它与周围的一些中性分子或简单负离子(称为配位体，如 NH_3)以配位键相结合。它们一起构成了配合物结构中的内配位层或内界，距离中心离子较远的其他离子(如 Cl^-、SO_4^{2-})称为外配位层或外界。

配合物在水溶液中，其内界与外界间的解离与强电解质相同。例如：

$$K_3[Fe(CN)_6] \rightleftharpoons 3K^+ + [Fe(CN)_6]^{3-}$$

解离出来的负配离子$[Fe(CN)_6]^{3-}$在水溶液中仅有小部分再解离成它的组成离子，即

$$[Fe(CN)_6]^{3-} \rightleftharpoons Fe^{3+} + 6CN^-$$

其如同弱电解质在水溶液中的情形一样，存在解离平衡，称为配位平衡。

由于配离子存在上述平衡，改变 Fe^{3+}或 CN^-的浓度均可使平衡发生移动，配位平衡与其他化学平衡一样，服从质量作用定律并有其相应的平衡常数。以$[Fe(CN)_6]^{3-}$的解离平衡为例：

$$[Fe(CN)_6]^{3-} \rightleftharpoons Fe^{3+} + 6CN^-$$

其平衡常数

$$K^\ominus = \frac{\left[c\left(Fe^{3+}\right)/c^\ominus\right]\left[c\left(CN^-\right)/c^\ominus\right]^6}{c\left(\left[Fe(CN)_6\right]^{3-}\right)/c^\ominus} \tag{2.9}$$

$K^\ominus$的数值可以表示配离子的解离程度，称为配离子的不稳定常数，以 $K^\ominus$(不稳)表示。例如：

$$K^\ominus(不稳，[Fe(CN)_6]^{3-}) = \frac{\left[c\left(Fe^{3+}\right)/c^\ominus\right]\left[c\left(CN^-\right)/c^\ominus\right]^6}{c\left(\left[Fe(CN)_6\right]^{3-}\right)/c^\ominus} \tag{2.10}$$

一个配位体中有两个或多个配位原子与同一个中心离子配位成环状结构的配合物称为螯合物(螯合即成环之意)。例如，Ni^{2+}与乙二胺螯合时，由于乙二胺含有两个可提供孤对电子的氮原子(配位原子)，可与 Ni 形成两个配位键，使配离子形成环状结构(整个配离子形成三个环)，即

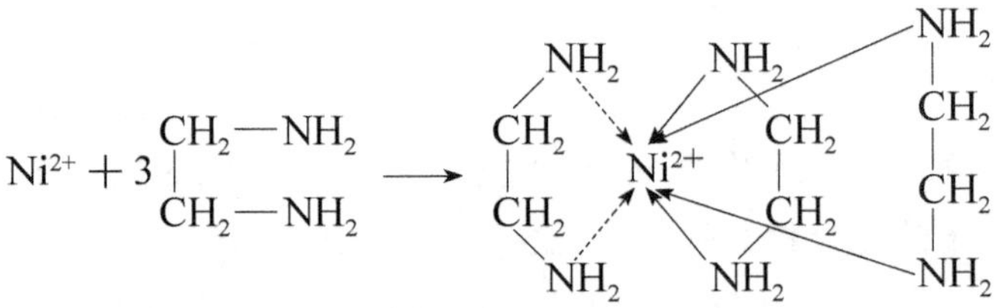

很多金属的螯合物具有特征颜色，且难溶于水，故分析化学中常用螯合物鉴定金属离子。例如，Ni^{2+}的鉴定就是利用Ni^{2+}与丁二酮肟(十分灵敏的镍试剂)在弱碱性条件下，生成鲜红色难溶于水的螯合物，即

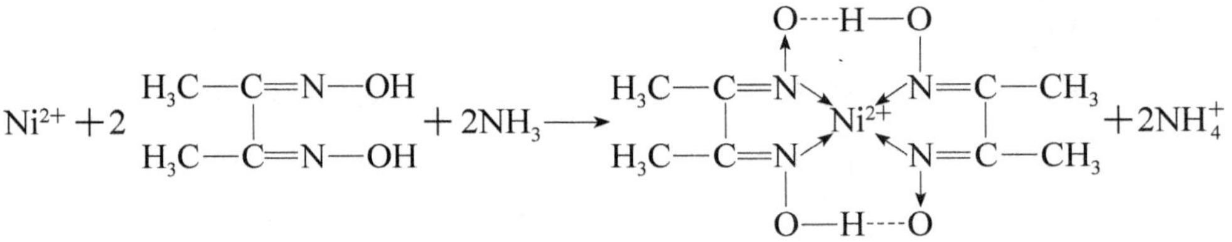

(绿色)　(丁二酮肟，无色)　(无色)　(鲜红色沉淀)

仪器、试剂及材料

1. 仪器

试管、试管架。

2. 试剂及材料

$CuSO_4$(0.5mol·L^{-1})、$AgNO_3$(0.1mol·L^{-1})、$K_3[Fe(CN)_6]$(0.05mol·L^{-1})、Na_2CO_3(0.1mol·L^{-1})、$FeCl_3$(0.1mol·L^{-1})、Na_2S(1mol·L^{-1})、KBr(0.1mol·L^{-1})、$Na_2S_2O_3$(0.1mol·L^{-1})、KI(0.1mol·L^{-1})、$CoCl_2$(0.1mol·L^{-1})、KSCN(0.1mol·L^{-1})、$NiSO_4$(0.1mol·L^{-1})、$NH_4Fe(SO_4)_2$(0.1mol·L^{-1})、NH_4F(4mol·L^{-1})、$NH_3·H_2O$(1mol·L^{-1}、2mol·L^{-1})、丁二酮肟(1%)、NH_4SCN(固体)、CCl_4、丙酮、乙醇、蒸馏水。

实验内容

(一)配合物与复盐的区别

向一支试管中加入 5 滴 $NH_4Fe(SO_4)_2$ 溶液(0.1mol·L^{-1})，向另一支试管中加入 5 滴 $K_3[Fe(CN)_6]$溶液(0.05mol·L^{-1})。再向这两支试管中各加入 2 滴 KSCN 溶液(0.1mol·L^{-1})，观察两支试管中现象有何区别，解释原因。

(二)配合物的生成

1. 含正配离子的配位化合物

向一支试管中加入 10 滴 $CuSO_4$ 溶液(0.5mol·L^{-1})，慢慢滴加 $NH_3·H_2O$ 溶液(2mol·L^{-1})，直至沉淀刚刚溶解($NH_3·H_2O$ 不能过量太多)。然后加 20 滴乙醇(目的是降低配合物在溶液中的溶解度)，观察析出的硫酸四氨合铜(II)深蓝色结晶。写出有关离子方程式。

2. 含负配离子的配位化合物

向一支试管中加入 10 滴 $FeCl_3$ 溶液（0.1mol·L^{-1}）后，慢慢滴加 NH_4F 溶液（4mol·L^{-1}），直至 Fe^{3+}的黄色褪去，便有无色的$[FeF_6]^{3-}$配离子生成，写出有关离子方程式。

（三）配位平衡及其移动

1. 配位平衡与沉淀溶解平衡的相互转化

向一支试管中加入 5 滴 $AgNO_3$ 溶液（0.1mol·L^{-1}）后，按下列次序依次进行实验，记录现象，并加以解释［查阅 $K^{\ominus}$(稳) 及 $K_{sp}^{\ominus}$ 值］，写出有关离子方程式。

(1) 滴加 1 滴 Na_2CO_3 溶液（0.1mol·L^{-1}），观察现象。

(2) 在上述溶液中滴加 2 滴 $NH_3 \cdot H_2O$ 溶液（1mol·L^{-1}），观察现象。

(3) 再滴加 1 滴 KBr 溶液（0.1mol·L^{-1}），观察现象。

(4) 再滴加 20 滴 $Na_2S_2O_3$ 溶液（0.1mol·L^{-1}），观察现象。

(5) 再滴加 1 滴 Na_2S 溶液（1mol·L^{-1}），观察现象。

2. 配位平衡对氧化还原反应的影响

取两支试管各加入 10 滴 $FeCl_3$ 溶液（0.1mol·L^{-1}）及 5 滴 CCl_4，再向第一支试管中加入 5 滴 KI 溶液（0.1mol·L^{-1}），向第二支试管中加入 5 滴 NH_4F 溶液（4mol·L^{-1}），振荡后观察 CCl_4 层现象。

再向第二支试管中加入 5 滴 KI 溶液（0.1mol·L^{-1}），振荡后观察现象。写出有关离子方程式。

（四）配离子的转化

向一支试管中加入 5 滴 $FeCl_3$ 溶液（0.1mol·L^{-1}）及 1 滴 KSCN 溶液（0.1mol·L^{-1}），观察溶液的颜色后，再滴加 2 滴 NH_4F 溶液（0.1mol·L^{-1}），观察现象，写出离子方程式，总结配离子转化的条件。

（五）螯合物的形成和应用

1. Ni^{2+}的鉴定

向一支试管中加入 2 滴 $NiSO_4$ 溶液（0.1mol·L^{-1}）及 5 滴 $NH_3 \cdot H_2O$ 溶液（2mol·L^{-1}）使溶液呈碱性，再加 2～3 滴丁二酮肟溶液（1%），观察现象。

2. Co^{2+}的鉴定

向一支试管中加入 5 滴 $CoCl_2$ 溶液（0.1mol·L^{-1}）及 10 滴蒸馏水，再加入一米粒大的 NH_4SCN 固体和丙酮（10～15 滴），变色即可，摇匀，观察现象。

实验预习题

(1)写出每项实验中所生成的配合物的化学式，为其命名并指出其组成。

(2)通过计算说明在 AgCl 沉淀中加入 $NH_3 \cdot H_2O$(6mol·L^{-1})，AgCl 沉淀能否溶解。

(3)根据实验内容的(三)、(四)查出有关配离子的 $K^{\ominus}$(稳)及有关沉淀物质的 $K_{sp}^{\ominus}$。通过比较(或计算)近似说明配位平衡与多相离子平衡相互转化的条件。

实验五　元 素 化 学

实验目的

(1) 了解铬和锰的各种主要价态化合物的生成和性质。

(2) 掌握铬和锰的各种主要价态之间的转化条件。

(3) 掌握铬和锰的主要价态化合物的氧化还原性。

(4) 比较主、副族一些氢氧化物的酸碱性。

(5) 了解常用的氧化剂。

实验原理

(一) Cr 的性质

铬是周期系第ⅥB 族元素，有多种氧化态，其中氧化态为+6、+3 的化合物比较稳定。

Cr(Ⅲ)的性质与铝离子非常相似。氧化物是 Cr_2O_3，俗称铬绿。微溶于水，既溶于酸也溶于碱，是两性氧化物。Cr(Ⅲ)的氢氧化物呈两性并为灰绿色。Cr(Ⅲ)的盐易水解。另外，由于铬是过渡金属，易形成配合物，这是铬和铝的最大区别。

在碱性溶液中，Cr(Ⅲ)盐易被氧化剂(如 H_2O_2)氧化为黄色的铬酸盐。

$$\underset{\text{(亮绿色)}}{2Cr(OH)_4^-} + 3H_2O_2 + 2OH^- = \underset{\text{(黄色)}}{2CrO_4^{2-}} + 8H_2O$$

此反应常用来初步鉴定 Cr(Ⅲ)。在酸性介质中只有采用很强的氧化剂[如 $(NH_4)_2S_2O_8$、$KMnO_4$ 等]才能将 Cr^{3+}氧化为 $Cr_2O_7^{2-}$。

Cr(Ⅵ)的化合物在酸性介质中具有强氧化性，与还原剂(如 Na_2SO_3、H_2O_2 等)作用时被还原为蓝紫色的水合 Cr^{3+}。例如：

$$Cr_2O_7^{2-} + 3SO_3^{2-} + 8H^+ = 2Cr^{3+} + 3SO_4^{2-} + 4H_2O$$

但在 Cr(Ⅵ)化合物的酸性介质中如果有乙醚或戊醇存在，则发生下列反应：

$$Cr_2O_7^{2-} + 4H_2O_2 + 2H^+ = 2CrO_5 + 5H_2O$$

此反应常用来进一步鉴定 Cr 的存在。CrO_5 很不稳定，易分解：

$$4CrO_5 + 12H^+ = 4Cr^{3+} + 7O_2\uparrow + 6H_2O$$

铬酸盐和重铬酸盐在水溶液中存在下列平衡：

$$2CrO_4^{2-} + 2H^+ = Cr_2O_7^{2-} + 2H_2O$$

改变溶液的酸碱性，上述平衡发生移动。由于某些金属的铬酸盐比相应的重铬酸盐更难溶于水，加入这些金属离子也会使上述平衡发生移动。例如：

$$4Ag^{+} + Cr_2O_7^{2-} + H_2O \xlongequal{} 2Ag_2CrO_4\downarrow + 2H^{+}$$

（砖红色）

此反应也常用来鉴定溶液中是否存在 Ag^{+}。

（二）锰的性质

锰是周期系第ⅦB 族元素，它也有多种氧化态，其中比较常见的是氧化态为+7、+6、+4、+2 的化合物。

Mn(Ⅱ)的氢氧化物呈白色，但它易被空气中的氧和其他氧化剂所氧化，变为棕色的 $MnO(OH)_2$，表现出较强的还原性。

在中性、弱碱性或弱酸性介质中，Mn^{2+}可被强氧化剂(如 $KMnO_4$、溴水等)氧化，生成棕色的 MnO_2。

$$2MnO_4^{-} + 3Mn^{2+} + 2H_2O \xlongequal{} 5MnO_2\downarrow + 4H^{+}$$

在硝酸溶液中，Mn^{2+}可被 $NaBiO_3$ 氧化为紫色的 MnO_4^{-}。

$$5NaBiO_3 + 2Mn^{2+} + 14H^{+} \xlongequal{} 2MnO_4^{-} + 5Bi^{3+} + 5Na^{+} + 7H_2O$$

通常利用这个反应定性鉴定 Mn^{2+}。

Mn(Ⅳ)最重要的化合物是 MnO_2，在酸性介质中可作氧化剂，产物为 Mn^{2+}；在碱性介质中又可作还原剂，产物为 MnO_4^{2-} (绿色)。

Mn(Ⅵ)的化合物在强碱性介质中才比较稳定，故 MnO_4^{2-} 可通过下述反应制备：

$$2MnO_4^{-} + MnO_2 + 4OH^{-} \xrightarrow{\triangle} 3MnO_4^{2-} + 2H_2O$$

向 MnO_4^{2-} 溶液中注入酸会发生歧化反应，生成紫色的 MnO_4^{-} 和棕色的 MnO_2。

$KMnO_4$ 是常用的氧化剂。在不同介质中 $KMnO_4$ 被还原的产物也不同：在酸性介质中产物为 Mn^{2+}；在强碱性介质中产物为 MnO_4^{2-}；在近中性介质中产物为 MnO_2。

（三）过氧化氢

过氧化氢 H_2O_2 中的氧是中间价态物质，它既可作为氧化剂被还原成 H_2O 或 OH^{-}，又可作为还原剂被氧化成 O_2(如与 $KMnO_4$ 反应)。H_2O_2 还能够在同一反应系统中扮演双重角色，如“摇摆反应”。

（四）配合物的形成对氧化还原能力的影响

Fe^{3+}在酸性溶液中具有一定的氧化性，可将 I^{-}氧化成单质碘，将 S^{2-}氧化成单质硫。由于 Fe^{3+}是过渡金属离子，可以形成多种稳定的配合物。配合物的形成必然使 Fe^{3+}浓度降低，从而使其氧化能力减弱。

（五）氢氧化物的酸碱性

根据氧化物对酸、碱反应的不同，可将其分为碱性、酸性、两性和不成盐的四种。

与之相对应，其水合物也是碱性、酸性、两性的。以 $R(OH)_n$ 表示氧化物的水合物(包括氢氧化物和含氧酸)，其在水溶液中有两种解离方式：

$$R\text{–}O\text{–}H \longrightarrow R^+ + OH^- \quad \text{碱式解离}$$

$$R\text{–}O\text{–}H \longrightarrow RO^- + H^+ \quad \text{酸式解离}$$

ROH 的解离方式取决于 R^{n+} 和 H^+ 分别与 O^{2-} 之间的作用力。H^+ 半径很小，它与 O^{2-} 之间的吸引力是较强的。若 R^{n+} 电荷多、半径小，可使它与 O^{2-} 之间的吸引力足够强，并对 H^+ 产生有效的斥力，使 ROH 呈酸性；反之，则呈一定程度的碱性。可用此模型说明元素氢氧化物的酸碱性递变的周期性规律。

例如，Al^{3+}、Sn^{2+}、Pb^{2+}、Cr^{3+} 和 Zn^{2+} 等的氢氧化物能溶于强酸或强碱中，均为两性氢氧化物。以 $Cr(OH)_3$ 为例，有关化学反应方程式表示如下：

$$Cr^{3+}(aq) + 3OH^-(aq)\ (\text{适量}) = Cr(OH)_3(s)$$

$$Cr(OH)_3(s) + OH^-(aq)\ (\text{过量}) = Cr(OH)_4^-(aq)$$

$$Cr(OH)_3(s) + 3H^+(aq) = Cr^{3+}(aq) + 3H_2O(l)$$

(六)金属氯化物与水的作用

除 K^+、Na^+ 和 Ba^{2+} 等很活泼金属的氯化物外，一般金属氯化物都能与水作用，并使溶液呈酸性。值得注意的是 p 区的 Sn^{2+}、Sb^{3+} 和 Bi^{3+} 等的氯化物与水作用能生成溶解度很小的白色碱式盐或氯氧化物。例如：

$$Sn^{2+}(aq) + Cl^-(aq) + H_2O(l) = Sn(OH)Cl(s) + H^+(aq)$$

$$Sb^{3+}(aq) + Cl^-(aq) + H_2O(l) = SbOCl(s) + 2H^+(aq)$$

在配制这类溶液时，必须加入适量的浓盐酸，以抑制其与水的作用。

“摇摆反应”：在 Mn^{2+} 和丙二酸 $CH_2(COOH)_2$ 存在下，过氧化氢(还原剂)与在酸性介质中的碘酸钾 KIO_3(氧化剂)发生氧化还原反应生成单质碘 I_2；碘和溶液中的淀粉形成蓝色配合物。同时，过量的过氧化氢(氧化剂)又能将反应生成的单质碘(还原剂)氧化成碘酸根离子 IO_3^-，溶液所显示的蓝色消失；当碘酸根离子 IO_3^- 再次被过氧化氢还原生成单质碘时，溶液又变为蓝色。反应如此“摇摆”发生，溶液颜色反复变化，直到过氧化氢消耗到一定程度，才能结束。主要反应计量方程式为

$$2IO_3^-(aq) + 2H^+(aq) + 5H_2O(aq) = I_2(s) + 5O_2(g) + 6H_2O(l)$$

$$5H_2O_2(aq) + I_2(s) = 2IO_3^-(aq) + 2H^+(aq) + 4H_2O(l)$$

仪器、试剂及材料

1. 仪器

试管、离心管、250mL 烧杯、洗瓶、离心机、煤气灯。

2. 试剂及材料

实验试剂见表 2.6。

表 2.6 实验试剂

物质	浓度/(mol·L⁻¹)	物质	浓度/(mol·L⁻¹)	物质	浓度/(mol·L⁻¹)
HCl	2，6	H_2SO_4	2，6	$AgNO_3$	0.1
$KCr(SO_4)_2$	0.1	HNO_3	6	$Pb(NO_3)_2$	0.1
K_2CrO_4	0.1	NaOH	2，6	$KMnO_4$	0.05
$BaCl_2$	0.1	Na_2S	1	$CuSO_4$	0.1
KI	0.1	$K_2Cr_2O_7$	0.1	$ZnSO_4$	0.1
$SnCl_2$	0.1	$MnSO_4$	0.1	$FeCl_3$	0.1
Na_2SO_3	0.1	$NH_3·H_2O$	浓，2		

固体：$NaBiO_3$，Na_2SO_3，MnO_2，NH_4Cl，NaCl，$MgCl_2$，$AlCl_3$，$SnCl_2$。

其他：CCl_4，H_2O_2(3%)，$K_3[Fe(CN)_6]$试剂，戊醇。

试液(Ⅰ)：取 410mL 30%H_2O_2 溶液，倒入大烧杯中，加水稀释至 1000mL，搅匀并储存于棕色瓶中。

试液(Ⅱ)：称取 42.8g KIO_3，置于烧杯中，加入适量水，加热使其完全溶解。待冷却后，加入 40mL 2mol·L^{-1} H_2SO_4，将混合液加水稀释至 1000mL，搅匀并储存于棕色瓶中。

试液(III)：称取 0.3g 可溶性淀粉，置于烧杯中，用少量水调成糊状，加入盛有沸水的烧杯中，然后加入 3.4g $MnSO_4·H_2O$ 和 15.6g 丙二酸，不断搅拌使它们全部溶解。冷却后加水稀释至 1000mL，储存于棕色瓶中。

实验内容

(一)铬的性质

1. 氢氧化铬的生成及性质

取 10 滴 $KCr(SO_4)_2$ 溶液(0.1mol·L^{-1})，滴加 NaOH 溶液(2mol·L^{-1})，至有 $Cr(OH)_3$ 沉淀生成为止，观察沉淀颜色。将沉淀分为两份，一份滴加 HCl 溶液(2mol·L^{-1})，另一份滴加 NaOH 溶液(2mol·L^{-1})，观察现象，写出化学反应计量方程式。对 $Cr(OH)_3$ 的酸碱性作出结论。

2. 铬(III)盐与氨水的作用

在试管中加入 $KCr(SO_4)_2$ 溶液(0.1mol·L^{-1})3 滴，加浓氨水至灰绿色沉淀生成后再多加 5 滴，然后加入少许(约米粒大小)NH_4Cl 晶体并微热，则沉淀溶解得到紫红色溶液 $[Cr(NH_3)_2(H_2O)_4]^{3+}$。

3. 铬(III)的还原性及其鉴定

在试管中加入 $KCr(SO_4)_2$ 溶液($0.1mol·L^{-1}$)2 滴，加 1 滴 NaOH 溶液($6mol·L^{-1}$)，然后加 3 滴 H_2O_2(3%)，水浴加热，溶液颜色由亮绿色变为黄色，表示 $Cr(OH)_4^-$ 被氧化成 CrO_4^{2-}。写出化学反应计量方程式，解释现象。待试管冷却后，加入 8 滴戊醇，然后慢慢滴入 HNO_3($6mol·L^{-1}$)酸化，再加数滴 H_2O_2(3%)振荡试管，观察戊醇中的颜色，写出化学反应计量方程式。

4. 铬(VI)的氧化性

取 3 滴 $K_2Cr_2O_7$ 溶液($0.1mol·L^{-1}$)，加入 2 滴 H_2SO_4 溶液($2mol·L^{-1}$)，然后加入 H_2O_2(3%)，观察现象，写出化学反应计量方程式。

5. CrO_4^{2-} 和 $Cr_2O_7^{2-}$ 在水中的平衡移动

(1)取 2 滴 K_2CrO_4 溶液($0.1mol·L^{-1}$)，加入 1～2 滴 H_2SO_4 溶液($6mol·L^{-1}$)使溶液呈酸性，观察颜色有何变化，再加入 NaOH 溶液($6mol·L^{-1}$)，使溶液呈碱性，颜色有何变化？写出化学反应计量方程式。

※(2)难溶性铬酸盐。在三支试管中各加入 2 滴 K_2CrO_4 溶液($0.1mol·L^{-1}$)，分别加入 $AgNO_3$($0.1mol·L^{-1}$)、$Pb(NO_3)_2$($0.1mol·L^{-1}$)和 $BaCl_2$ 溶液($0.1mol·L^{-1}$)各 2 滴，观察产物颜色。用 $Cr_2O_7^{2-}$ 取代 CrO_4^{2-} 做相同的实验，并检验反应前后溶液 pH 发生的变化。试用 CrO_4^{2-} 和 $Cr_2O_7^{2-}$ 间的平衡关系解释实验结果，写出化学反应计量方程式。

(二)锰的性质

1. $Mn(OH)_2$ 的生成和性质

在三支试管中各加入 $MnSO_4$ 溶液($0.1mol·L^{-1}$)2 滴和 NaOH 溶液($2mol·L^{-1}$)2 滴，立即观察产物颜色、状态。在一支试管中迅速加入 3 滴 HCl 溶液($2mol·L^{-1}$)，在另一支试管中迅速加入 3 滴 NaOH 溶液($2mol·L^{-1}$)，观察沉淀是否具有两性。将第三支试管放置片刻，观察颜色变化[提示：制备 $Mn(OH)_2$ 所用各试剂需预先除去溶解氧]。

2. 锰(IV)化合物的生成和性质

(1)取 1 滴 $KMnO_4$ 溶液($0.05mol·L^{-1}$)，滴加 $MnSO_4$ 溶液($0.1mol·L^{-1}$)2 滴，观察实验现象，写出化学反应计量方程式。

(2)锰(IV)的氧化性：在(1)制得的 MnO_2 沉淀中加入少许(约米粒大小)Na_2SO_3 晶体，棕色沉淀是否消失?若不消失再用 H_2SO_4($6mol·L^{-1}$)酸化，观察沉淀的消失，写出化学反应计量方程式，并说明现象。

3. 锰(VI)化合物的生成和性质

在离心管中加入 $KMnO_4$ 溶液($0.05mol·L^{-1}$)1 滴和 NaOH 溶液($6mol·L^{-1}$)5 滴，再加入少许(约大米粒大小)MnO_2 固体，充分振荡并加热后，补加 1～2mL H_2O 并离心沉降。观察上层清液是什么颜色，写出化学反应计量方程式。

将上层清液转入另一试管，逐滴加入 H_2SO_4($2mol·L^{-1}$)使其酸化，观察溶液颜色的变化及有无沉淀析出，解释现象。

4. $KMnO_4$的氧化性

在三支试管中各加入 $KMnO_4$溶液（0.05mol·L^{-1}）1 滴和约 1mL 的去离子水，向其中的一支试管中加入 2 滴 H_2SO_4溶液（2mol·L^{-1}）；向另一支试管中加 2 滴水；向第三支试管中加入 2 滴 NaOH（6mol·L^{-1}）。然后均缓慢地滴加 Na_2SO_3溶液并不断振荡试管，观察现象，写出化学反应计量方程式，并说明 $KMnO_4$被还原的产物与介质的关系。

SO_3^{2-}在不同介质中的标准电极电势值为

$$SO_3^{2-}+2OH^- \Longrightarrow SO_4^{2-}+H_2O+2e^- \qquad E_A^{\ominus}=-0.93V$$

$$H_2SO_3+H_2O \Longrightarrow SO_4^{2-}+4H^++2e^- \qquad E_B^{\ominus}=+0.172V$$

5. Mn^{2+}的鉴定

取 2 滴 $MnSO_4$溶液（0.1mol·L^{-1}），加 HNO_3溶液（6mol·L^{-1}）2 滴，加入少许（约米粒大小）$NaBiO_3$固体，观察实验现象，写出化学反应计量方程式。

※（三）过氧化氢的性质

（1）过氧化氢的氧化还原性：在一支试管中加入 2 滴 $Pb(NO_3)_2$溶液（0.1mol·L^{-1}）和 1 滴 Na_2S 溶液（1mol·L^{-1}），观察有什么现象发生。在另一支试管中加入 1 滴 $KMnO_4$溶液（0.05mol·L^{-1}），并用 H_2SO_4溶液（2mol·L^{-1}）酸化，然后向上述两支试管中各加入少量 H_2O_2溶液（3%），仔细观察实验现象，并解释之。

（2）“摇摆反应”：取 10mL 试液（Ⅰ）倒入 50mL 烧杯中，然后加入试液（Ⅱ）和试液（Ⅲ）各 10mL，搅拌摇匀。观察溶液颜色的反复变化。

（四）配合物的形成对氧化还原能力的影响

取 5 滴 KI 溶液（0.1mol·L^{-1}），加入 5 滴 CCl_4，在混合液中加入数滴 $FeCl_3$溶液（0.1mol·L^{-1}），充分振荡试管，观察 CCl_4层颜色的变化。

用 $K_3[Fe(CN)_6]$溶液（0.1mol·L^{-1}）替代 $FeCl_3$重复上述操作，仔细观察有无反应发生。

※（五）氢氧化物的酸碱性

分别试验 Pb^{2+}、Sn^{2+}、Zn^{2+}、Ag^+、Cu^{2+}及 Fe^{3+}与适量 NaOH 溶液（2mol·L^{-1}）的反应，并记录沉淀的颜色。再分别试验这些氢氧化物的酸碱性[$Cu(OH)_2$ 的酸碱性要用 NaOH（6mol·L^{-1}）来试验，AgOH 沉淀用什么酸来试验？为什么？]。由以上实验的结果说明同一周期和同一族元素的氧化物及氢氧化物酸碱性的递变规律。

※（六）金属氯化物与水的作用

（1）向三支试管中分别加入少许（约米粒大小）NaCl、$MgCl_2$、$AlCl_3$ 固体，然后各加入 1～2mL 去离子水，观察溶解情况，并检验溶液的酸碱性，写出有关反应计量方程式。

(2) 向试管中各加入少许(切不可多加) $SnCl_2$ 晶体，然后加入 1～2mL 去离子水观察溶解情况，并检验溶液的酸碱性。向另一支试管中加入 1～2mL 去离子水，并用适量浓盐酸酸化，然后再加入少许 $SnCl_2$ 晶体，观察其溶解情况与其未经酸化时的情况有何不同。

(七) 记录及数据处理

(1) 铬的性质。

表 2.7 铬性质实验

试剂		实验现象	化学反应计量方程式	结论
Cr^{3+}+OH^-生成 $Cr(OH)_3$后	H^+			
	OH^-			
Cr^{3+}+浓氨水+$NH_4Cl(s)$				
Cr^{3+}+ OH^-(过量)	H_2O_2			
	戊醇+H^+ +H_2O_2			
$Cr_2O_7^{2-}$+H^++H_2O_2				
CrO_4^{2-}	H^+			
	OH^-			
Ag^+	CrO_4^{2-}			
	$Cr_2O_7^{2-}$	pH		
Pb^{2+}	CrO_4^{2-}			
	$Cr_2O_7^{2-}$	pH		
Ba^{2+}	CrO_4^{2-}			
	$Cr_2O_7^{2-}$	pH		

(2) 锰的性质。

表 2.8 锰性质实验

试剂		实验现象	化学反应计量方程式	结论
Mn^{2+} +OH^-后	OH^-			
	H^+			
	放置			
MnO_4^-+Mn^{2+}				
Na_2SO_3+H^+				
$KMnO_4$+NaOH+MnO_2				
上清液+H^+				

续表

试剂	实验现象	化学反应计量方程式	结论
$MnO_4^-+H^+$ SO_3^{2-}			
$MnO_4^-+OH^-$ SO_3^{2-}			
$MnO_4^-+H_2O$ SO_3^{2-}			
$Mn^{2+}+H^++NaBiO_3^-$			

(3)过氧化氢性质。

表 2.9 过氧化氢性质实验

试剂	实验现象	化学反应计量方程式	结论
$Pb^{2+}+S^{2-}$			
$PbS + H_2O_2$			
$KMnO_4+H^+$ H_2O_2			

(4)配合物的形成对氧化还原能力的影响。

表 2.10 配合物性质实验

试剂	实验现象	化学反应计量方程式	结论
$FeCl_3+KI(CCl_4)$			
$[Fe(CN)_6]^{3-}+KI$			

(5)氢氧化物的酸碱性。

表 2.11 氢氧化物的酸碱性实验

试剂	实验现象	化学反应计量方程式	结论
$Pb^{2+}+OH^-$			
$+ NaOH$(过量)			
$Sn^{2+}+OH^-$			
$+ NaOH$(过量)			
$Zn^{2+}+OH^-$			
$+ NaOH$(过量)			

续表

试剂	实验现象	化学反应计量方程式	结论
Ag^{+}+OH^{-}			
+ NaOH(过量)			
Cu^{2+}+OH^{-}			
+ NaOH(过量)			
Fe^{3+}+OH^{-}			
+ NaOH(过量)			

(6)氯化物与水作用。

表 2.12 氯化物与水作用实验

试剂	实验现象	化学反应计量方程式	结论
NaCl+H_2O	pH		
$MgCl_2$+ H_2O	pH		
$AlCl_3$+ H_2O	pH		
$SnCl_2$(s) + H_2O			
H_2O +浓 HCl + $SnCl_2$(s)			

实验预习题

(1)怎样实现 Cr^{3+}—$Cr_2O_7^{2-}$(或 CrO_4^{2-})、MnO_2—Mn^{2+}—MnO_4^-、MnO_2—MnO_4^{2-}— MnO_4^-等的转化？主要途径和条件是什么？

(2)在碱性条件下，H_2O_2 能把 Mn(Ⅱ)氧化成 Mn(Ⅳ)：

$$Mn^{2+} + H_2O_2 + 2OH^- \xlongequal{} MnO(OH)_2\downarrow + H_2O$$

在酸性条件下，H_2O_2 又把 Mn(Ⅳ)还原为 Mn(Ⅱ)：

$$MnO(OH)_2 + H_2O_2 + 2H^+ \xlongequal{} Mn^{2+} + O_2\uparrow + 3H_2O$$

如何解释上述事实？

(3)$K_2Cr_2O_7$ 与 $AgNO_3$ 作用，为什么得到的是 Ag_2CrO_4 而不是 $Ag_2Cr_2O_7$？

(4)两性氢氧化物在水溶液中存在怎样的平衡？你知道的典型两性氢氧化物有哪些？

实验六　硫酸亚铁铵的制备及 Fe^{3+} 限量分析

实验目的

(1) 了解硫酸亚铁铵的制备方法。

(2) 掌握蒸发、结晶和减压过滤等基本操作。

(3) 掌握目测比色法检验产品质量的方法。

实验原理

硫酸亚铁铵 $(NH_4)_2Fe(SO_4)_2 \cdot 6H_2O$ 俗称摩尔盐，为浅绿色单斜晶体。它在空气中比一般亚铁盐稳定，不易被氧化，在定量分析上常用作氧化还原滴定的基准物质。硫酸亚铁铵制备工艺简单，价格低，工业上常用作废水处理的混凝剂，在农业上用作农药及肥料。

像所有的复盐一样，硫酸亚铁铵在水中的溶解度比组成它的任何一种组分的溶解度都小（表 2.13），很容易从浓的硫酸亚铁和硫酸铵混合溶液中制得结晶状的复盐。因此，将含有等物质的量硫酸亚铁和硫酸铵的溶液经蒸发浓缩、冷却结晶可得到 $(NH_4)_2Fe(SO_4)_2 \cdot 6H_2O$ 晶体。

表 2.13　硫酸亚铁、硫酸铵、硫酸亚铁铵在水中的溶解度 ($g/100g\ H_2O$)

物质	10℃	20℃	30℃	40℃
$(NH_4)_2SO_4$	73.0	75.4	78.0	81.0
$FeSO_4 \cdot 7H_2O$	40.0	48.0	60.0	73.3
$(NH_4)_2Fe(SO_4)_2 \cdot 6H_2O$	18.1	21.2	24.5	27.9

本实验采用铁粉与稀硫酸作用生成硫酸亚铁溶液，其反应为

$$Fe+H_2SO_4 = FeSO_4+H_2(g)$$

然后在硫酸亚铁溶液中加入硫酸铵并使其全部溶解，经蒸发浓缩、冷却结晶，得到 $(NH_4)_2Fe(SO_4)_2 \cdot 6H_2O$ 晶体，其反应为

$$FeSO_4 + (NH_4)_2SO_4 + 6H_2O = (NH_4)_2Fe(SO_4)_2 \cdot 6H_2O$$

硫酸亚铁铵中 Fe^{3+} 的含量多少，是决定其产品等级的重要指标之一。本实验通过目视比色法确定其杂质 Fe^{3+} 的含量来确定产品等级。目视比色法是确定杂质含量的一种常用方法，将产品配成溶液，与各标准溶液进行比色，如果产品溶液的颜色比某一标准溶液的颜色浅，就确定杂质含量低于该标准溶液的含量，即低于某一规定的限度，所以这

种方法又称为限量分析。

由于 Fe^{3+} 与 SCN^- 生成红色的物质 $[Fe(SCN)_n]^{3-n}$，当红色较深时，表明产品中含 Fe^{3+} 较多；当红色较浅时，表明产品中含 Fe^{3+} 较少。所以只要将所制得的硫酸亚铁铵晶体与 KSCN 溶液在比色管中配制成待测溶液，将它所呈现的红色与含一定量 Fe^{3+} 所配制成的标准 $[Fe(SCN)_n]^{3-n}$ 溶液的红色进行比较，根据红色深浅的相仿情况，即可判断待测溶液中杂质 Fe^{3+} 的含量范围，从而可确定产品的等级。

仪器、试剂及材料

1. 仪器

台秤、恒温水浴槽、加热板、循环水真空泵。

2. 试剂及材料

铁粉、H_2SO_4(3mol·L^{-1})、$(NH_4)_2SO_4$、无水乙醇、pH 试纸、KSCN(1mol·L^{-1})、布氏漏斗、吸滤瓶、烧杯(50mL、250mL)、量筒(10mL)、锥形瓶(250mL)、蒸发皿(50mL)、表面皿、称量纸、滴管。

实验内容

(一)硫酸亚铁铵的制备

(1)硫酸亚铁的制备。

称取 1.0g 铁粉于 250mL 锥形瓶中，加入 3mol·L^{-1} H_2SO_4 溶液 8mL。将锥形瓶放在加热板上加热(在通风橱中进行)，加热过程中要经常摇动锥形瓶，并适当滴加少量水以防止 $FeSO_4$ 结晶析出。注意检查反应溶液的 pH，可以通过补加少量 H_2SO_4 溶液来保证 pH<2。当锥形瓶中基本无气泡产生，表示反应基本完成。将锥形瓶中的溶液趁热减压过滤。

(2)硫酸亚铁铵的制备。

称取 2.0g $(NH_4)_2SO_4$ 固体于蒸发皿中，将前述减压过滤得到的滤液转移至蒸发皿，搅拌使得固体溶解，并滴加少量 H_2SO_4 使溶液 pH 为 1～2。

将装有约 150mL 水的 250mL 烧杯放在加热板上加热，盛装滤液的蒸发皿放在烧杯口上。利用蒸气浴加热，使蒸发皿中的溶液蒸发浓缩，浓缩至液面边缘出现晶膜为止。取下蒸发皿，冷却至室温，使淡绿色 $(NH_4)_2Fe(SO_4)_2 \cdot 6H_2O$ 结晶出来。注意，蒸发过程中不需要搅拌溶液，不得将水分全部蒸发。用布氏漏斗减压过滤，并用无水乙醇洗去晶体表面所附着的水分。将产品转移至表面皿上，晾干称量，计算产率。

(二)Fe^{3+}的限量分析

用烧杯将去离子水煮沸 10min，以除去溶解的氧气，冷却后备用。称取 1.0g 硫酸亚铁铵产品，置于比色管中，加入 3mol·L^{-1} H_2SO_4 溶液和 1mol·L^{-1} KSCN 溶液各 1mL，最后用除氧的去离子水稀释到 25.00mL，摇匀。将所配溶液与 Fe^{3+}的标准溶液比较颜色，确定产品中 Fe^{3+}含量所对应的等级(表 2.14)。

表 2.14 硫酸亚铁铵产品等级与 Fe^{3+}的质量分数

产品等级	Ⅰ级	Ⅱ级	Ⅲ级
$w(Fe^{3+})/\%$	0.005	0.01	0.02

(三)数据记录与处理

(1)硫酸亚铁铵的质量__________ g 与产品等级__________。

(2)计算硫酸亚铁铵的产率(写出计算过程)。

实验预习题

(1)制备硫酸亚铁铵时，为什么要保持溶液呈强酸性?

(2)检验产品中 Fe^{3+}的质量分数时，为什么要用不含氧的去离子水?

(3)根据实验结果分析硫酸亚铁铵制备的操作条件对产品的产量及等级的影响。

实验七　氧化还原与电化学(一)

实验目的

(1) 学习和了解氧化还原反应的规律。

(2) 能够应用电极电势概念判断物质的氧化能力、还原能力的相对强弱以及氧化还原反应进行的方向。

(3) 掌握反应物浓度、介质酸碱性对氧化还原反应的影响。

(4) 了解金属的电化学腐蚀类型及防护措施。

实验原理

电极电势的大小表示电对中氧化态物质得电子(或者电对中还原态物质释放电子)的难易。电对的电极电势代数值越大，氧化态物质的氧化能力越强，还原态物质的还原能力越弱。相反，电对的电极电势代数值越小，氧化态物质的氧化能力越弱，还原态物质的还原能力越强。

水溶液中自发进行的氧化还原反应的方向可由电极电势数值加以判断。自发进行的氧化还原反应中，氧化剂电对的电极电势代数值大于还原剂电对的电极电势代数值，即

$$E(\text{氧化剂电对}) > E(\text{还原剂电对})$$

或电池电动势　　$E=E(\text{氧化剂电对})-E(\text{还原剂电对})>0$

通常情况下，可用标准电极电势衡量

$$E^{\ominus}(\text{氧化剂电对}) > E^{\ominus}(\text{还原剂电对})$$

当氧化剂电对与还原剂电对的标准电极电势相差较小(−0.2～+0.2V)时，应考虑溶液中离子浓度对电极电势的影响。可用能斯特公式说明，即

$$E = E^{\ominus} + \frac{0.0592\text{V}}{z}\lg\frac{c(\text{氧化态})/c^{\ominus}}{c(\text{还原态})/c^{\ominus}} \tag{2.11}$$

介质对氧化还原反应有很大的影响。某些反应必须在一定介质中进行，某些反应则随介质(酸碱性)不同产物不同。例如，$KMnO_4$ 与 Na_2SO_3 的反应，在酸性、中性、碱性介质中分别生成不同的产物：Mn^{2+}、MnO_2 及 MnO_4^{2-}。

金属的电化学腐蚀是金属在电解质溶液中发生与原电池相似的电化学过程而引起的腐蚀。在电化学腐蚀中，被腐蚀的一般是较活泼的金属，它组成腐蚀电池的阳极(负极)；而阴极(正极)的金属不被腐蚀，它起传递电子的作用。

在酸性介质中，H^+在阴极得电子而产生氢气引起金属的腐蚀称为析氢腐蚀。在弱酸性、中性及碱性介质中，溶解的氧气在阴极得电子而引起金属的腐蚀称为吸氧腐蚀。通

常金属在大气中的腐蚀主要是吸氧腐蚀。

在腐蚀介质中加入的少量能延缓腐蚀过程的物质称为缓蚀剂，如本实验所用无机缓蚀剂 $K_2Cr_2O_7$ 和有机缓蚀剂乌络托品[六次甲基四胺 $(CH_2)_6N_4$]。

仪器、试剂及材料

1. 仪器

试管、试管架。

2. 试剂及材料

$FeCl_3$(0.05mol·L^{-1})、$K_3[Fe(CN)_6]$(0.05mol·L^{-1})、CCl_4、$SnCl_2$(0.1mol·L^{-1})、KI(0.1mol·L^{-1})、KBr(0.1mol·L^{-1})、$KMnO_4$(0.01mol·L^{-1})、NaOH(1mol·L^{-1})、HCl(1mol·L^{-1})、H_2SO_4(0.5mol·L^{-1}、1mol·L^{-1})、Na_2SO_3(饱和溶液)、$NaNO_2$(0.1mol·L^{-1})、$K_2Cr_2O_7$(0.01mol·L^{-1})、$CuSO_4$(0.1mol·L^{-1})、KNO_3(0.2mol·L^{-1})、乌洛托品(饱和)、酚酞、蒸馏水、铝棒、铜棒、铁棒、锌粒、铁丝、镀锡铁(马口铁)、镀锌铁(白口铁)、砂纸。

实验内容

(一)应用电极电势判断氧化还原反应进行的方向

(1)向一支试管中加入 1mL $FeCl_3$ 溶液(0.05mol·L^{-1})及 5 滴 $K_3[Fe(CN)_6]$溶液(0.05mol·L^{-1})，观察现象，写出化学反应计量方程式。

(2)向一支试管中加入 2 滴 $FeCl_3$ 溶液(0.05mol·L^{-1})及 1mL $SnCl_2$ 溶液(0.1mol·L^{-1})，向此试管中加入 2 滴 $K_3[Fe(CN)_6]$溶液(0.05mol·L^{-1})，观察现象，写出化学反应计量方程式(看出现象后，立即将试管洗净!)。

注：

$$Fe^{3+}+[Fe(CN)_6]^{3-} \longrightarrow \underset{\text{(棕色溶液)}}{Fe[Fe(CN)_6]}$$

$$K^{+}+Fe^{2+}+[Fe(CN)_6]^{3-} \longrightarrow \underset{\text{(滕氏蓝)}}{KFe[Fe(CN)_6]}$$

(3)向一支试管中加入 5 滴 KI 溶液(0.1mol·L^{-1})及 2 滴 $FeCl_3$ 溶液(0.05mol·L^{-1})，再加入 5 滴 CCl_4，充分振荡后，观察试管底部 CCl_4 层的颜色。然后向试管中加入 1mL 蒸馏水及 2 滴 $K_3[Fe(CN)_6]$溶液(0.05mol·L^{-1})，观察上层水溶液的颜色变化，写出化学反应计量方程式。

(4)用 KBr 溶液(0.1mol·L^{-1})代替 KI 溶液(0.1mol·L^{-1})做上述同样的实验，现象有何区别？得出什么结论？

注：Br_2 在 CCl_4 层中呈棕红色，I_2 在 CCl_4 层中呈紫红色。

（二）介质对氧化还原反应的影响

取三支试管，分别加入 1mL $KMnO_4$ 溶液（$0.01mol\cdot L^{-1}$）；向第一支试管中加入 5 滴 NaOH 溶液（$1mol\cdot L^{-1}$），向第二支试管中加 5 滴蒸馏水，向第三支试管中加入 5 滴 H_2SO_4 溶液（$0.5mol\cdot L^{-1}$）；再向各试管加数滴饱和 Na_2SO_3 溶液，振荡后，观察现象，说明 $KMnO_4$ 的还原产物与介质的关系。

（三）亚硝酸盐的氧化还原性

向一支试管中加入 5 滴 KI 溶液（$0.1mol\cdot L^{-1}$），向另一支试管中加入 5 滴 $KMnO_4$ 溶液（$0.01mol\cdot L^{-1}$）；再向此两支试管中分别加入 2 滴 H_2SO_4 溶液（$0.5mol\cdot L^{-1}$）及 5 滴 $NaNO_2$ 溶液（$0.1mol\cdot L^{-1}$），观察现象。再向加 KI 的试管中加入 5 滴 CCl_4 及 10 滴蒸馏水，振荡后观察现象，写出化学反应计量方程式，并说明 $NaNO_2$ 在两个反应中的作用。

（四）微电池腐蚀

1. 酸性介质中的腐蚀

(1) 向一支试管中加入 1mL HCl 溶液（$1mol\cdot L^{-1}$），插入一根铝棒，观察现象。再插入一根铜棒（两棒互不接触）。观察现象。再将两棒接触后，仔细观察现象有何不同，解释现象，分析阴、阳极及其反应。

(2) 取两支试管，各加入 1mL H_2SO_4 溶液（$1mol\cdot L^{-1}$）及相同大小的一锌粒，观察现象。向其中一支试管中加入 1 滴 $CuSO_4$ 溶液（$0.1mol\cdot L^{-1}$），对比两支试管中的反应情况，作出分析结论。

2. 中性介质中的腐蚀

向一支试管中加入 1mL KNO_3 溶液（$0.2mol\cdot L^{-1}$）、1 滴 $K_3[Fe(CN)_6]$溶液（$0.05mol\cdot L^{-1}$）及 1 滴酚酞指示剂，摇匀。取一根锌棒，用砂纸擦净一端并紧绕一段铅丝。将此棒插入试管中，静置 5min，观察溶液及铅丝周围出现的现象，并加以解释。

通过以上两个实验，总结出不同介质中金属腐蚀的不同类型。分别写出腐蚀电池的两极反应式。

注：

$$Zn^{2+}+[Fe(CN)_6]^{3-} \longrightarrow \underset{\text{(黄色沉淀)}}{Zn_3[Fe(CN)_6]_2\downarrow}$$

（五）金属的防腐

1. 镀层防腐

取两支试管，各加入 1mL HCl 溶液（$1mol\cdot L^{-1}$）及 1 滴 $K_3[Fe(CN)_6]$溶液（$0.05mol\cdot L^{-1}$），向一支试管中加入一小块镀锌铁（白口铁），另一支试管中加一小块镀锡铁（马口铁），静止 10min 后，观察有何现象(马口铁要注意观察截面处)。说明两种镀层对铁的防腐作用有什么区别，写出化学反应计量方程式。

2. 缓蚀剂防腐

在三支试管中各加入 1mL HCl 溶液($1mol\cdot L^{-1}$)及 1 滴 $K_3[Fe(CN)_6]$溶液($0.05mol\cdot L^{-1}$)，混匀；再向第一支试管中加入 5 滴蒸馏水，向第二支试管中加入 5 滴无机缓蚀剂 $K_2Cr_2O_7$溶液($0.01mol\cdot L^{-1}$)，向第三支试管中加入 5 滴有机缓蚀剂乌洛托品饱和溶液；取三支用砂纸擦光的铁棒，分别插入试管中，观察溶液变蓝的快慢，说明缓蚀剂的作用。

实验预习题

(1) 以实验的实例说明电极电势对氧化还原反应方向的影响。

(2) 用 $E^{\ominus}$值说明 $KMnO_4$在不同介质中的氧化数变化。

(3) 结合实验说明微电池腐蚀的种类及防腐方法。

实验八　氧化还原与电化学(二)

实验目的

(1)了解原电池工作原理及氧化态、还原态物质的浓度对电极电势的影响。

(2)掌握电极电势的测定方法。

(3)学习电解、电镀的原理和方法。

实验原理

原电池：利用氧化还原反应产生电流的装置。一般较活泼的金属为负极，较不活泼的金属为正极。放电时，负极上发生氧化反应不断给出电子，通过导线流入正极，正极上发生还原反应。原电池产生的电流可用电流计或所发生的电解现象进行检验。

电动势的测定：以甘汞电极为参比电极(或以标准氢电极作为标准电极)，用电位计(也可用酸度计)分别测定原电池两极的电极电势，并确定出正、负极，然后根据两电极的电极电势可计算出电动势。

电解：利用直流电使物质在阳极进行氧化反应、在阴极进行还原反应的过程。

电解时，与直流电源负极相连的电极称为阴极，电极电势代数值较高的氧化态物质首先在阴极放电；与直流电源正极相连的电极称为阳极，电极电势代数值较低的还原态物质首先在阳极放电。

电解时，在两极上可能放电的物质有电解质、水解离出的离子和电极材料等，究竟哪种物质放电，可根据各物质的标准电极电势、离子浓度及超电势等因素进行判断。

电镀：利用直流电源把一种金属覆盖到另一种金属表面的过程。待镀零件作阴极，镀层金属作阳极，置于适当的电解液(一般含有被镀金属的配合物)中进行电镀，阴极与直流电源的负极相连，发生还原反应，得到所需要的金属镀层；阳极与直流电源的正极相连，发生氧化反应。

仪器、试剂及材料

1. 仪器

酸度计、低压电源、烧杯(100mL)、U 形管、砂纸、导线。

2. 试剂及材料

Na_2SO_4(0.1mol·L^{-1})、$CuCl_2$(1mol·L^{-1})、$CuSO_4$(1mol·L^{-1}、0.1mol·L^{-1})、氨水(6mol·L^{-1})、$ZnSO_4$(1mol·L^{-1}、0.1mol·L^{-1})、KI(0.1mol·L^{-1})、NaCl(饱和)、铜棒、锌棒、铜板、锌板、碳棒、KCl 盐桥、酚酞指示剂、淀粉试纸。

电镀液配方：$ZnSO_4$ 150～200g·L^{-1}；$Al_2(SO_4)_3$ 15～20g·L^{-1}；Na_2SO_4 15～20g·L^{-1}；乙醇 10～20 mol·L^{-1}。

实验内容

(一) 用铜-锌原电池电解 Na_2SO_4 水溶液

如图 2.6 所示，用 $CuSO_4$ 与 $ZnSO_4$ 溶液(均为 1mol·L^{-1})接好铜-锌原电池。取 U 形管装入 2/3 容积 Na_2SO_4 溶液(0.1mol·L^{-1})，在阳极滴 2～3 滴 $NH_3·H_2O$(2mol·L^{-1})，在阴极滴 1 滴酚酞。

注：

阳极 $$Cu \longrightarrow Cu^{2+}+2e^-$$

$$Cu^{2+}+4NH_3 = [Cu(NH_3)_4]^{2+}$$

(深蓝色)

阴极 $$O_2+2H_2O+4e^- \longrightarrow 4OH^-$$

(酚酞遇 OH^-变红)

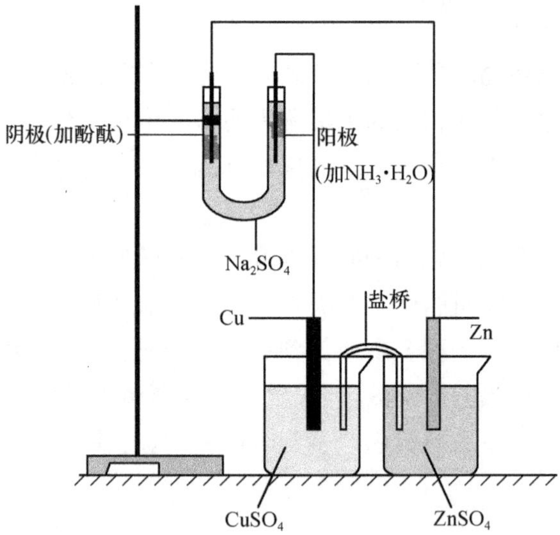

图 2.6 用铜-锌原电池电解 Na_2SO_4 水溶液

电解 10min 后，观察两极上有无颜色改变。根据电解原理分析两极各是什么物质放电，产物是什么。写出电极反应及原电池反应方程式。

注：电极在使用前后均应洗刷干净，连有导线的要挂在固定架上。

(二) 浓度对电极电势的影响

(1) 锌电极电势 $E(Zn^{2+}/Zn)$ 的测定。

① 组成标准锌电极：将金属锌片（锌电极）插入盛有$1mol \cdot L^{-1}$ $ZnSO_4$溶液的烧杯中。

注：锌电极务必用砂纸擦净，除去表面的氧化物、腐蚀产物、沉积物等，再用自来水冲洗干净，擦干（以下铜电极也需如此处理）。测定步骤见实验二中酸度计的使用说明部分。

② 锌电极与甘汞电极组成原电池，如图2.7所示。将锌电极与甘汞电极（该电极置于盛有饱和KCl溶液烧杯中）组成如下的原电池：

(−)Zn｜$ZnSO_4$($1mol \cdot L^{-1}$)‖ KCl（饱和）｜Hg_2Cl_2｜Hg｜Pt(+)

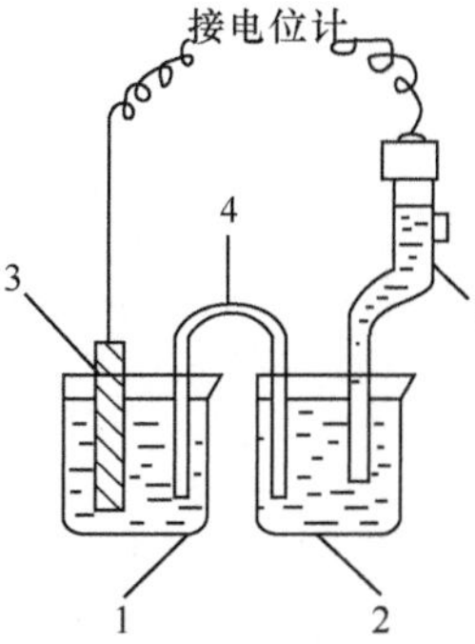

图2.7 原电池示意图

1. 硫酸锌溶液；2.饱和氯化钾溶液；3.锌电极；4.KCl盐桥；5.甘汞电极

两个烧杯用KCl盐桥相连。

③ 测量及记录。测量步骤按实验二附录酸度计使用说明进行操作，测出电动势值。

(2) 铜电极电势$E(Cu^{2+}/Cu)$的测定同锌电极电势$E(Zn^{2+}/Zn)$的测定（表2.15）。

表2.15 测量记录

电 极	测得电动势 E/V	电极电动势 E/V
锌电极		
铜电极		

(3) Cu-Zn原电池的电动势。

$$E_1=E(Cu^{2+}/Cu)-E(Zn^{2+}/Zn)$$

(4) 向$CuSO_4$溶液($0.1mol \cdot L^{-1}$)中加入约5mL氨水($6mol \cdot L^{-1}$)，并不断搅拌至生成的沉淀刚好溶解为止。测Cu电极的$E(Cu^{2+}/Cu)$，并计算此时Cu-Zn原电池的电动势，即

$$E_2 = E(Cu^{2+}/Cu)-E(Zn^{2+}/Zn)$$

(5) 向$ZnSO_4$溶液($0.1mol \cdot L^{-1}$)中加入约5mL氨水($6mol \cdot L^{-1}$)，并不断搅拌至生成的沉淀刚好溶解为止。测Zn电极的$E(Zn^{2+}/Zn)$，并计算由(4)中的铜电极和(5)中的锌电极组成的电池的电动势，即

$$E_3 =E(Cu^{2+}/Cu)-E(Zn^{2+}/Zn)$$

从E_1、E_2、E_3值的变化说明浓度对电极电势及电池电动势的影响。

(三) 用低压电源电解饱和NaCl水溶液

用一个U形管装入饱和NaCl水溶液（液面距管口2cm）作电解液，以碳棒作电极，用低压电源的6V电压进行电解，如图2.8所示。用KI淀粉试纸[用时需在浸有淀粉的滤纸上滴1滴KI溶液($0.1mol \cdot L^{-1}$)]及酚酞指示剂，检验两极变化。写出两极产物及电极反应。

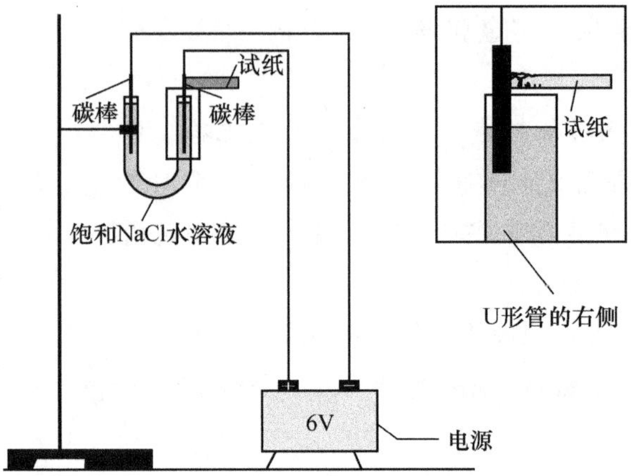

图 2.8　用低压电源电解饱和 NaCl 水溶液

(四) 用低压电源电解 $CuCl_2$ 水溶液

在 U 形管内盛 $CuCl_2$ 溶液($1mol \cdot L^{-1}$)。用碳棒作电极，用 6V 电压电解 5min 后检查两极产物，写出电解产物和反应方程式。注意：$CuCl_2$ 用后回收。

(五) 无氰电镀

在 U 形管内盛电镀液，锌棒作阳极，铜棒(要用砂纸擦亮！)作阴极。用 2V 电压电镀 1～2min，观察镀层，写出两极反应方程式。

实验预习题

(1) 怎样判断电解时的两极产物?

(2) 通过计算说明用标准 Cu-Zn 原电池电解 Na_2SO_4 水溶液($0.1mol \cdot L^{-1}$)的可能性。

(3) 计算 25℃时，下列原电池电动势的理论值。

(−) Zn | $ZnSO_4$($0.01mol \cdot L^{-1}$) || KCl(饱和) | Hg_2Cl_2 | Hg | Pt(+)

(−) Cu | $CuSO_4$($0.01mol \cdot L^{-1}$) || KCl(饱和) | Hg_2Cl_2 | Hg | Pt(+)

(4) 在原电池(−) Zn | $ZnSO_4$($0.1mol \cdot L^{-1}$) || $CuSO_4$($0.1mol \cdot L^{-1}$) | Cu(+)的 $CuSO_4$ 溶液中加入 $NH_3 \cdot H_2O$($6mol \cdot L^{-1}$)，Cu^{2+}浓度增加还是减少？此时原电池电动势变大还是变小？然后在 $ZnSO_4$ 溶液中也加入 $NH_3 \cdot H_2O$($6mol \cdot L^{-1}$)，Zn^{2+}浓度增加还是减少？此时原电池电动势又如何变化？写出最后原电池的电池符号。

(5) 写出电解饱和 NaCl 水溶液时检验两极产物的方法。电解 $CuCl_2$ 水溶液时如何检验阴极产物?

实验九 碳酸饮料中柠檬酸含量的测定

实验目的

(1) 学会配制和标定溶液浓度的方法。

(2) 掌握滴定操作并学会正确判断滴定终点。

(3) 掌握移液管、滴定管和容量瓶的正确使用方法。

(4) 规范记录数据和数据处理。

实验原理

碳酸饮料俗称汽水，是充入二氧化碳气体的软饮料。这类饮料中常添加柠檬酸作酸味剂、螯合剂、抗氧化增效剂等，使其口感爽快柔和，增进食欲、促进消化。由于柠檬酸的含量对食品的味道有很大影响，并且是某些食品品质的一项重要检测指标，因此对食品中所含的柠檬酸进行定性与定量分析具有重要意义。

柠檬酸是一种较强的有机酸，有三个 H^+可以电离，可与碱(如氢氧化钠)发生如下反应：

$$
\begin{array}{l}
\quad\;\; CH_2\text{—}COOH \\
\qquad | \\
HO\text{—}C\text{—}COOH \\
\qquad | \\
\quad\;\; CH_2\text{—}COOH
\end{array}
+ 3NaOH \longrightarrow
\begin{array}{l}
\quad\;\; CH_2\text{—}COONa \\
\qquad | \\
HO\text{—}C\text{—}COONa \\
\qquad | \\
\quad\;\; CH_2\text{—}COONa
\end{array}
+ 3H_2O
$$

根据酸碱中和原理，用碱标准溶液滴定试样中的酸时，以酚酞为指示剂。当滴定至终点溶液呈粉红色，且 30s 不褪色时，根据滴定时消耗的标准 NaOH 溶液的体积，可计算出试样中柠檬酸的含量。

但是，由于氢氧化钠易吸收水分及空气中的二氧化碳，不是基准物质，因此不能用直接法配制标准溶液，需要使用邻苯二甲酸氢钾(KHP)作为基准物质对其浓度进行标定。邻苯二甲酸氢钾易纯制，无结晶水，在空气中不吸湿，容易保存，摩尔质量大，是一种较好的基准物质。

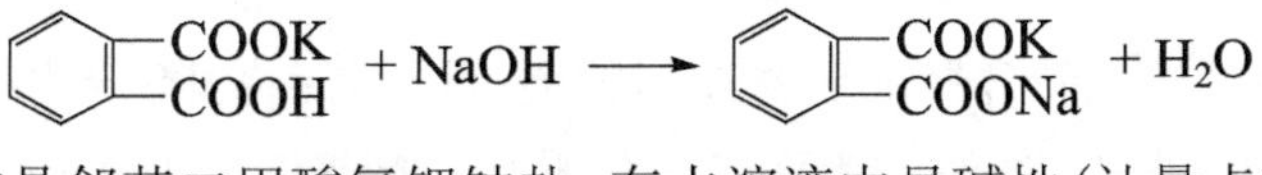

由于反应产物是邻苯二甲酸氢钾钠盐，在水溶液中显碱性(计量点时溶液显微碱性)，可选用酚酞作指示剂。根据指示剂颜色变化，得到滴定 KHP 标准溶液所消耗的 NaOH 溶液的量，就可以标定 NaOH 溶液的准确浓度。

一般市面上的汽水在出厂前都充入了 2～3 个大气压的 CO_2，所以部分 CO_2 会溶于饮料中以碳酸的形式存在并且在滴定过程中消耗部分 NaOH 溶液，从而影响柠檬酸的测定。因此，在滴定操作前首先要加热煮沸样品，除去二氧化碳。

NaOH 标准溶液的浓度和碳酸饮料中柠檬酸的质量浓度可分别按式(2.12)与式(2.13)计算：

$$c(\text{NaOH}) = \frac{m(\text{KHP}) \times 1000}{V(\text{NaOH}) \times M(\text{KHP})} \tag{2.12}$$

$$\rho(\text{柠檬酸}) = \frac{\dfrac{c(\text{NaOH}) \times V(\text{NaOH})}{3} \times M(\text{柠檬酸})}{V(\text{饮料})} \tag{2.13}$$

两式中：

M(KHP)——邻苯二甲酸氢钾的摩尔质量，204.22g·mol^{-1}；

m(KHP)——邻苯二甲酸氢钾的质量，g；

M(柠檬酸)——柠檬酸的摩尔质量，192.14g·mol^{-1}；

V(NaOH)——NaOH 溶液的体积，mL；

c(NaOH)——NaOH 溶液的浓度，mol·L^{-1}；

ρ(柠檬酸)——饮料中所含柠檬酸的质量浓度，g·L^{-1}；

V(饮料)——碳酸饮料的体积，mL。

仪器、试剂及材料

1. 仪器

电子台秤、电子分析天平、数显恒温水箱、滴定台、碱式滴定管(50mL)、烧杯(500mL)、量筒(100mL)、试剂瓶(500mL)、移液管(25mL)、锥形瓶(250mL)、容量瓶(150mL)、玻璃棒、pH 试纸、洗瓶、洗耳球。

2. 试剂及材料

碳酸饮料(可用七喜、雪碧等无色饮料)、氢氧化钠、邻苯二甲酸氢钾、酚酞指示剂、蒸馏水。

实验内容

(一)准备待测样品

首先用 pH 试纸检验新开瓶的碳酸饮料的酸度，然后将其倒入烧杯中，用玻璃棒搅拌，加速 CO_2 气体的溢出，待溶液表面没有气泡后，将其倒入 150mL 的容量瓶使液体充满到刻度线。为尽量减少 CO_2 对测量结果的影响，还要将容量瓶中的试样倒入干净的烧杯，加热至沸腾，这样有助于完全排出 CO_2 气体。然后将试样冷却至室温后装回上述容量瓶(煮沸过程中有水分损失，液面低于刻度线)，用少量蒸馏水洗涤烧杯并将洗涤液转移至容量瓶中，最后稀释溶液至刻度线，摇匀。再次检验此时溶液的 pH，比较前后两次 pH 试纸颜色的变化。

（二）$0.05\ mol \cdot L^{-1}$ NaOH 标准溶液的配制和标定

(1) 用电子台秤称取 NaOH 固体 1.0g 于烧杯中，先加入 50mL 蒸馏水将其全部溶解后，转移至试剂瓶中，再加水稀释至 500mL，用橡皮塞塞好瓶口，充分摇匀，待标定。

(2) 用少量上述 NaOH 溶液润洗碱式滴定管 2～3 次，然后装满 NaOH 溶液至零刻度以上，放出少量溶液以使滴定管下端乳胶管中充满溶液并排出气泡。将滴定管上端的弯液面调至零刻度附近，静置片刻，记录初读数。

(3) 用分析天平准确称取 0.2500～0.3000g 邻苯二甲酸氢钾 3 份，分别置于 250mL 锥形瓶中，各加 25mL 蒸馏水将其溶解。邻苯二甲酸氢钾溶解速度较慢，还会浮在水面上，尤其是接近液面的杯壁处。可将其置于温水浴中加热，并摇动锥形瓶加快溶解。待 KHP 完全溶解后，冷却溶液至室温。

(4) 然后加入 3～4 滴酚酞指示剂，将滴定管中的 NaOH 溶液滴入锥形瓶中，边滴定边摇动锥形瓶使溶液混合均匀。接近终点时，用洗瓶中少量蒸馏水淋洗锥形瓶内壁，然后继续逐滴加入 NaOH 溶液，直至溶液呈粉红色，并保持 30s 不褪色，即为滴定终点。记录消耗 NaOH 溶液的体积，填入表 2.16 中。

再重复上述操作 2 次，取 3 次平行滴定所得的浓度的平均值作为标准溶液的浓度。

（三）柠檬酸浓度的测定

(1) 将 25mL 移液管用待测碳酸饮料润洗后，准确移取 25mL 样液于 250mL 锥形瓶中，加酚酞指示剂 3～4 滴，均匀混合。

(2) 用 NaOH 标准溶液进行滴定，使溶液由无色变为粉红色并准确记录滴定管的读数，填入表 2.17 中。

(3) 计算碳酸饮料中柠檬酸的含量，同样要取 3 次平行滴定所得的平均值，因此同样要重复上述操作 2 次。

（四）数据记录与处理

(1) NaOH 标准溶液的标定。

把实验数据记录在表 2.16 中，并计算表中所要求的各项数据，确定 NaOH 溶液的浓度。

(2) 柠檬酸含量的测定。

根据表 2.17 中数据计算单位体积的碳酸饮料中柠檬酸的浓度。

表 2.16 实验数据记录及处理

室温______℃

	实验组号	1	2	3
氢氧化钠标准溶液的标定	KHP 的质量 m/g			
	滴定前 NaOH 溶液的体积 V/mL			
	滴定后 NaOH 溶液的体积 V/mL			
	滴定消耗 NaOH 溶液的体积 V/mL			
	NaOH 溶液浓度 $c/(\text{mol}\cdot\text{L}^{-1})$			
	NaOH 溶液浓度的平均值 $\bar{c}/(\text{mol}\cdot\text{L}^{-1})$			

表 2.17 实验数据记录及处理

室温______℃

	实验组号	1	2	3
碳酸饮料中柠檬酸的测定	滴定前 NaOH 溶液的体积 V/mL			
	滴定后 NaOH 溶液的体积 V/mL			
	滴定消耗 NaOH 溶液的体积 V/mL			
	柠檬酸的质量浓度 $\rho/(\text{g}\cdot\text{L}^{-1})$			
	柠檬酸质量浓度的平均值 $\bar{\rho}/(\text{g}\cdot\text{L}^{-1})$			

(五)实验整理

整理实验物品，打扫实验室卫生，处理废液废渣。检查水、电、煤气是否关好。

实验预习题

(1)怎样溶解邻苯二甲酸氢钾？

(2)洗涤碱式滴定管时，为什么要将乳胶管连同细嘴玻璃管取下？

(3)如果 KHP 是一元酸，如何来描述柠檬酸？解释你的理由。

实验十　碘酸铜溶度积的测定

实验目的

(1)通过测定碘酸铜溶度积，加深对溶度积概念的理解。

(2)巩固使用 722G 型分光光度计测定溶液的浓度。

(3)巩固容量瓶的使用方法。

(4)学习沉淀的制备、洗涤及过滤等操作方法。

实验原理

碘酸铜是难溶强电解质，在其饱和水溶液中，已溶解的 Cu^{2+}和 IO_3^- 与未溶解的 $Cu(IO_3)_2$ 固体之间，存在着下列平衡：

$$Cu(IO_3)_2(s) \rightleftharpoons Cu^{2+}(aq) + 2IO_3^-(aq)$$

在一定温度下，平衡溶液中 Cu^{2+}浓度与 IO_3^-浓度平方的乘积是一个常数，即：

$$K_{sp}^{\ominus}[Cu(IO_3)_2] = [c^{eq}(Cu^{2+})/c^{\ominus}] \times [c^{eq}(IO_3^-)/c^{\ominus}]^2$$

$K_{sp}^{\ominus}$ 称为溶度积常数，它和其他平衡常数一样，随温度的不同而改变。因此，如果能测得在一定温度下碘酸铜饱和溶液中的 $c^{eq}(Cu^{2+})$ 和 $c^{eq}(IO_3^-)$，便可求算出该温度下的溶度积常数($K_{sp}^{\ominus}$)。

本实验是由硫酸铜和碘酸钾作用制备碘酸铜饱和溶液，然后利用饱和溶液中的 Cu^{2+} 与过量 $NH_3 \cdot H_2O$ 作用生成深蓝色的配离子$[Cu(NH_3)_4]^{2+}$：

$$Cu^{2+} + 4NH_3 \rightleftharpoons \underset{(深蓝色)}{[Cu(NH_3)_4]^{2+}}$$

由于反应定量，所以 $c^{eq}(Cu^{2+}) \approx c^{eq}[Cu(NH_3)_4]^{2+}$。$[Cu(NH_3)_4]^{2+}$对波长 600nm 的光具有强吸收，而且在一定浓度下，它对光的吸收程度(用吸光度 A 表示)与溶液浓度成正比。

因此，由分光光度计测得碘酸铜饱和溶液中 Cu^{2+}与 $NH_3 \cdot H_2O$ 作用后生成的$[Cu(NH_3)_4]^{2+}$溶液的吸光度，利用工作曲线并通过计算就能确定饱和溶液中 $c^{eq}(Cu^{2+})$。再利用平衡时 $c^{eq}(Cu^{2+})$ 与 $c^{eq}(IO_3^-)$ 的关系，就能求出碘酸铜的溶度积。

仪器、试剂及材料

1.仪器

吸量管(2mL)、移液管(25mL)、容量瓶(50mL)、滴定管(50mL)、量筒(10mL、

100mL)、烧杯(100mL)、漏斗、722G 型分光光度计、电子台秤。

2. 试剂及材料

$CuSO_4 \cdot 5H_2O$(固体、$0.1000mol \cdot L^{-1}$)、 KIO_3、$NH_3 \cdot H_2O$。

实验内容

(一)$Cu(IO_3)_2$ 固体的制备

(1)用电子台秤称取 1.5g $CuSO_4 \cdot 5H_2O$ 固体放入 100mL 烧杯中，以 20mL 去离子水溶解。

(2)用电子台秤称取 2.7g KIO_3 放入烧杯中，以 50mL 去离子水加热溶解。将 $CuSO_4$ 溶液倒入 KIO_3 溶液中，不断搅拌并加热至沸。冷却，搅拌至析出大量蓝色 $Cu(IO_3)_2$ 沉淀，静置，弃去上清液。

(3)用 20mL 蒸馏水以倾析法洗涤沉淀 2～3 次。过滤，用少量蒸馏水淋洗沉淀得纯蓝色 $Cu(IO_3)_2$ 沉淀。

(二)$Cu(IO_3)_2$ 饱和溶液的制备

将上述制得的 $Cu(IO_3)_2$ 沉淀置于 100mL 烧杯中，加入 50mL 蒸馏水，边加热边搅拌近沸，自然冷却至室温(冷却过程中不时搅拌)。用干燥的漏斗和滤纸将饱和溶液过滤，滤液收集于一个干燥的烧杯中(滤液要保证澄清)。

(三)工作曲线的绘制

(1)用吸量管分别吸取 $CuSO_4$ 溶液($0.1000mol \cdot L^{-1}$)0.40mL、0.80mL、1.20mL、1.60mL、2.00mL 于 5 个标记好的 50mL 容量瓶中，滴加 1∶1 $NH_3 \cdot H_2O$ 至沉淀产生，继续滴加 $NH_3 \cdot H_2O$ 至沉淀刚刚溶解，再加入 1∶1 氨水 2mL 。用蒸馏水稀释至刻度，摇匀。

(2)以蒸馏水作参比溶液，选用 1mL 比色皿，选择入射光波长为 600nm，用分光光度计分别测定各溶液的吸光度，将数据记录于表 2.18。

表 2.18 吸光度数据记录与处理

编号	1	2	3	4	5
$V(CuSO_4)$/mL	0.40	0.80	1.20	1.60	2.00
$c(Cu^{2+})/(mol \cdot L^{-1})$					
吸光度 A					

注：分光光度计的操作说明见实验三。

(3)以吸光度 A 为纵坐标，相应的 $c(Cu^{2+})$ 为横坐标，绘制工作曲线。

（四）饱和溶液中 Cu^{2+} 浓度的测定

用移液管吸取 25.00mL 过滤后的 $Cu(IO_3)_2$ 饱和溶液于 50mL 容量瓶中，滴加 1∶1 $NH_3·H_2O$ 至沉淀产生，继续滴加 $NH_3·H_2O$ 至沉淀刚刚消失，再加入 1∶1 氨水 2mL。加蒸馏水稀释至刻度，摇匀。按上述测工作曲线同样条件测定溶液的吸光度。根据工作曲线求出饱和溶液中 Cu^{2+} 的浓度，计算 $K_{sp}^{\ominus}$。

实验预习题

(1) 怎样制备 $Cu(IO_3)_2$ 饱和溶液？如果溶液中 $Cu(IO_3)_2$ 未达到饱和，对测定结果有何影响？

(2) 假如在过滤 $Cu(IO_3)_2$ 饱和溶液时，有 $Cu(IO_3)_2$ 固体穿透滤纸，将对实验结果产生什么影响？

(3) 在制备 $Cu(IO_3)_2$ 饱和溶液时，为什么要加热？加热后为什么要冷却？

实验十一　肥皂的制备

实验目的

(1)掌握利用皂化反应制备肥皂的原理和方法。

(2)学习普通加热回流、减压过滤等实验技术。

(3)了解反应过程中各原料所起到的作用。

实验原理

肥皂是最古老的清洁剂，已有数千年历史。早在公元前 7 世纪，生活在地中海东岸的腓尼基人就用动物脂肪和草木灰(碱)制造出粗肥皂。中国人也很早就知道利用草木灰和天然碱洗涤衣服，人们还把猪胰腺、猪油与天然碱混合，制成块状的“胰子”。早期的肥皂是奢侈品，直到 19 世纪随着德国化学家研究油脂化学构造的成功，制皂工业由手工作坊最终转化为工业化生产，使得现代化学肥皂工业蓬勃发展。

肥皂通常指的是高级脂肪酸或混合脂肪酸的钠盐、钾盐和铵盐，其中最常用的是脂肪酸钠盐，可由酯类水解制得。本实验是将植物油或动物脂和强碱水溶液(如氢氧化钠水溶液)混合，加热经皂化反应后生成肥皂和甘油，其反应式如下：

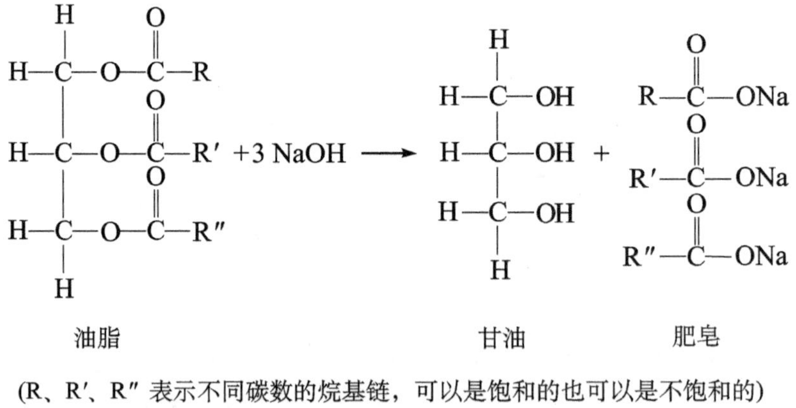

油脂　　　　甘油　　　　肥皂

(R、R′、R″ 表示不同碳数的烷基链，可以是饱和的也可以是不饱和的)

油脂不溶于碱溶液，只能随着溶液中皂化反应的发生而逐渐乳化，反应很慢。为了加速皂化的进程，一般都加入乙醇溶液。乙醇既能溶于碱溶液，又可与油脂互溶，能使反应物融为均一的液体，使皂化反应在均匀的系统中进行并且速率加快，否则反应便因反应物分层而不易进行。皂化反应完成后，将生成物倒入饱和食盐水中，使高级脂肪酸钠发生凝聚而从混合液中析出并浮在表面，而皂化反应的副产物甘油、未反应的碱和乙醇则溶解在食盐水中，得到质地较好的肥皂。

肥皂之所以能去污，是因为它具有特殊的分子结构，分子的一端含有非极性的亲油脂部分(烃基)，另一端含有极性的亲水基团(羧基)，在水与油污的界面上，肥皂使非极性的油脂乳化，让油脂溶于肥皂水中；在水与空气的界面上，肥皂围住空气的分子形成肥皂泡沫。本来不溶于水的污垢，因肥皂的作用，无法再依附在衣物表面，而溶于肥皂泡沫中，最后被整个清洗掉。

制皂的原料主要采用熔点较高的各类动植物油脂。其中，植物油主要有大豆油、菜籽油和蓖麻油等，它们含有较多的不饱和脂肪酸，如油酸、亚油酸、亚麻酸等；动物脂肪主要包括猪油、牛油和羊油，它们含有较多的饱和硬脂酸和棕榈酸等成分。下面给出了上述几种高级脂肪酸的分子式。

油酸： $CH_3(CH_2)_7CH{=}CH(CH_2)_7CO_2H$

亚油酸： $CH_3(CH_2)_4CH{=}CHCH_2CH{=}CH(CH_2)_7CO_2H$

硬脂酸： $CH_3(CH_2)_{16}CO_2H$

棕榈酸： $CH_3(CH_2)_{14}CO_2H$

仪器、试剂及材料

1. 仪器

电加热套、铁架台、铁夹、减压过滤瓶、布氏漏斗、真空循环水泵、电子天平、圆底烧瓶(100mL)、球形冷凝管、烧杯(200mL、500mL)、量筒(10mL、50mL)、试管、玻璃棒、乳胶管、滤纸、pH 试纸。

2. 试剂及材料

植物油或猪油、40%氢氧化钠溶液、95%乙醇、饱和食盐水、液体石蜡、蒸馏水。

实验内容

(一)加料与安装装置

将 5g 植物油或猪油、12mL 95%乙醇和 12mL 40%氢氧化钠溶液装入 100mL 圆底烧瓶内，振荡使其混合均匀。选用球形冷凝管，如图 2.9 所示安装回流装置。

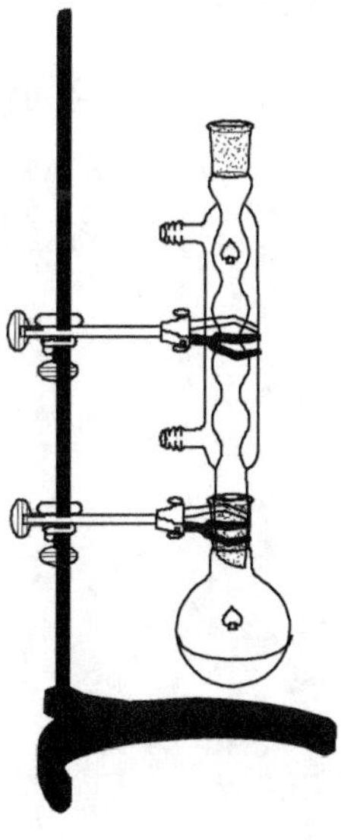

图 2.9 肥皂合成装置

(二)开始反应

检查装置无误后，通冷凝水，缓慢加热升温(加热方式可选择电加热套、水浴、酒精灯等)，使反应物保持微沸状态，控制温度使蒸气上升到冷凝管高度一半以下为宜，这样可以防止液体过沸而使产生的泡沫冲入冷凝管(若出现过沸现象，可从冷凝管上端加入少量的 95%乙醇和 40%氢氧化钠溶液的 1∶1 混合物)，加热回流约 40min 后停止加热。

（三）分离纯化

趁热取下反应瓶，将生成物以细流形式慢慢趁热倒入盛有150mL饱和食盐水的烧杯中（目的是使肥皂盐析出来，而副产物甘油、未作用完的氢氧化钠和乙醇则溶解在食盐水中），边加边搅拌，然后将烧杯放置冰水浴中继续冷却至室温以下。静置片刻，发现肥皂盐析上浮，待肥皂全部析出后减压过滤，并用约10mL饱和食盐水（若用水洗去副产物，会把部分肥皂一起洗掉，造成产品损失；饱和食盐水中有大量的钠离子，可使脂肪酸钠不易解离，因而用饱和食盐水既可除去副产物又可减少产品损失）在布氏漏斗内洗涤产物2次，继续抽滤约10min，以加速肥皂干燥。待肥皂凝固成块后用玻璃棒取出，称量并计算产率。

（四）产品性质检验

（1）从肥皂外观、颜色、触感、起泡性、清洁力等方面描述自制肥皂。

（2）酸碱性：取自制肥皂一小块（约1cm^3）溶于30mL蒸馏水中，混合均匀后，用pH试纸检验溶液的酸碱性。

（3）乳化性质：各取10mL蒸馏水和10mL上述溶液分别加入两支干净的试管中，各滴入10滴液体石蜡，振荡使之混合均匀，随即观察油和水在试管中的分布情况；静置5min后再观察并记录。

（五）实验整理

整理实验物品，打扫实验室卫生，处理废液废渣。检查水、电、煤气是否关好。

实验预习题

（1）本实验为什么采用乙醇作为溶剂？

（2）将加热回流产物倒入饱和食盐水的目的是什么？

（3）简述自制肥皂的物理和化学性质。

实验十二　化学反应速率和反应活化能的测定

实验目的

(1) 了解浓度、温度和催化剂对反应速率的影响。

(2) 测定过硫酸铵与碘化钾反应速率，并计算反应级数、反应速率常数及反应的活化能，给出反应的阿伦尼乌斯公式。

(3) 了解恒温水浴、定量加液管的使用。

实验原理

活化能是化学反应的一个重要参数，其大小可由实验测定，根据活化能的大小可以判断反应的快慢。不同的反应，活化能不同。在一定的温度下，活化能越大，反应速率越小；反之，活化能越小，反应速率越大。例如：

$$Zn + 2HCl \longrightarrow ZnCl_2 + H_2(g)\uparrow$$

其反应活化能为 $17.56kJ\cdot mol^{-1}$，反应速率较大；而

$$N_2 + 3H_2 \longrightarrow 2NH_3$$

反应活化能为 $175.56kJ\cdot mol^{-1}$，反应速率则较小。

化学反应的活化能是影响反应速率的内因，而浓度、温度、催化剂等是影响反应速率的外因。

(一) 化学反应速率的测定

在水溶液中，过硫酸铵与碘化钾可发生如下反应：

$$(NH_4)_2S_2O_8+3KI \longrightarrow (NH_4)_2SO_4+K_2SO_4+KI_3$$

其离子方程式为

$$S_2O_8^{2-}+3I^- \longrightarrow 2SO_4^{2-}+I_3^- \tag{2.14}$$

I_3^- 由以下反应产生：

$$I_2 + I^- \longrightarrow I_3^-$$

若测定 $S_2O_8^{2-}$ 的消耗速率，则该反应的反应速率表达式为

$$v\left(S_2O_8^{2-}\right) = \frac{-\Delta c\left(S_2O_8^{2-}\right)}{\Delta t} = kc^m\left(S_2O_8^{2-}\right)c^n\left(I^-\right)$$

本实验通过测定消耗一定量 $S_2O_8^{2-}$ 所需要的时间来测定其反应速率。反应时间的快慢

用淀粉使生成物碘变蓝的快慢来指示。

但是上述反应不论 $S_2O_8^{2-}$ 与 I^- 的起始浓度如何不同，反应一进行就生成碘，就会使指示剂淀粉变蓝，无法区别出反应的快慢。为此在反应系统中加入一定量(很少量)硫代硫酸钠作碘的还原剂，发生下列反应：

$$2S_2O_3^{2-}+I_3^- \longrightarrow S_4O_6^{2-}+3I^- \tag{2.15}$$

反应式(2.15)非常快，几乎瞬间完成，而反应式(2.14)却慢得多，所以只要反应系统中尚有 $S_2O_3^{2-}$，就不会有游离碘。只有 $c(S_2O_3^{2-})=0$(耗尽)时，由反应式(2.14)生成的碘才能存在，溶液才会呈现蓝色。

测定反应开始到溶液变蓝的时间Δt，也就是消耗一定量 $S_2O_8^{2-}$ 的时间。从反应式(2.14)与式(2.15)的系数关系可知

$$\Delta c\left(S_2O_8^{2-}\right)=\frac{1}{2}\Delta c\left(S_2O_3^{2-}\right)$$

所以

$$v\left(S_2O_8^{2-}\right)=\frac{-\Delta c\left(S_2O_8^{2-}\right)}{\Delta t}=\frac{-\Delta c\left(S_2O_3^{2-}\right)}{2\Delta t} \tag{2.16}$$

还应说明一点，速率方程式 $v=kc^m(S_2O_8^{2-})c^n(I^-)$ 指的是瞬时速率，而实验测得的 $v=\dfrac{-\Delta c\left(S_2O_3^{2-}\right)}{2\Delta t}$ 为平均速率。可以用平均速率表示速率方程的前提条件是 $c(S_2O_8^{2-})\gg c(S_2O_3^{2-})$，且 $c(S_2O_8^{2-})$ 的消耗速率远远小于 $c(S_2O_3^{2-})$ 的消耗速率。

式(2.16)中$\Delta c(S_2O_3^{2-})$实际就是 $Na_2S_2O_3$ 的初始浓度的负值。因为

$$\Delta c(S_2O_3^{2-})=0-c(S_2O_3^{2-})_{始}$$

（二）反应级数的测定

反应速率方程式为

$$v\left(S_2O_8^{2-}\right)=kc^m\left(S_2O_8^{2-}\right)c^n\left(I^-\right) \tag{2.17}$$

式中，$c(S_2O_8^{2-})$ 与 $c(I^-)$ 均为系统呈现蓝色瞬间的浓度，即反应时间为Δt 时的浓度。此时 $S_2O_3^{2-}$ 刚刚耗尽，即$\Delta c(S_2O_3^{2-})=-c(S_2O_3^{2-})_{始}$，而 $c(S_2O_8^{2-})$ 减少为$\dfrac{1}{2}c(S_2O_3^{2-})$，所以这一瞬间反应系统中 $c(S_2O_8^{2-})=c(S_2O_8^{2-})_{始}-\dfrac{1}{2}c(S_2O_3^{2-})\approx c(S_2O_8^{2-})_{始}$，因为 $c(S_2O_8^{2-})\gg c(S_2O_3^{2-})$，所以少量的 $S_2O_3^{2-}$ 耗尽时，消耗掉的 $S_2O_8^{2-}$ 很少，可以近似地视为初始浓度。

在 $S_2O_3^{2-}$ 耗尽之前，反应系统中同时存在两种反应：慢反应(2.14)与快反应(2.15)。在反应开始到呈现蓝色的时间Δt 内，消耗了 $S_2O_3^{2-}$ 及 $S_2O_8^{2-}$，I^- 并没有消耗，在此瞬间 $c(I^-)$ 亦为初始浓度。

所以出现蓝色的瞬时速率方程为

$$v\left(S_2O_8^{2-}\right)=kc^m(S_2O_8^{2-})_{始}c^n\left(I^-\right)_{始}=\frac{-\Delta c\left(S_2O_3^{2-}\right)_{始}}{2\Delta t}$$

在同一温度下，对同一反应测定不同浓度的反应速率便可算出反应级数。

1. 测定 m 值($S_2O_8^{2-}$的反应级数)

固定 $c(I^-)$，改变 $c(S_2O_8^{2-})$，测得 v_1 与 v_2。用 $\frac{v_1}{v_2}$ 便可求得 m。

$$\frac{v_1}{v_2}=\frac{kc^m\left(S_2O_8^{2-}\right)_1c^n\left(I^-\right)}{kc^m\left(S_2O_8^{2-}\right)_2c^n\left(I^-\right)}=\frac{c^m\left(S_2O_8^{2-}\right)_1}{c^m\left(S_2O_8^{2-}\right)_2}$$

由式(2.16)可得

$$\frac{v_1}{v_2}=\frac{\Delta t_2}{\Delta t_1}=\frac{c^m\left(S_2O_8^{2-}\right)_1}{c^m\left(S_2O_8^{2-}\right)_2}$$

$$\ln\frac{\Delta t_2}{\Delta t_1}=\ln\frac{c^m\left(S_2O_8^{2-}\right)_1}{c^m\left(S_2O_8^{2-}\right)_2}$$

则

$$m=\frac{\ln(\Delta t_2/\Delta t_1)}{\ln\left[c\left(S_2O_8^{2-}\right)_1/c\left(S_2O_8^{2-}\right)_2\right]}$$

2. 测定 n 值(I^-的反应级数)

固定 $c(S_2O_8^{2-})$，改变 $c(I^-)$，测得两个反应速率 v_1 与 v_2，同理可得

$$n=\frac{\ln(\Delta t_4/\Delta t_3)}{\ln\left[c\left(I^-\right)_3/c\left(I^-\right)_4\right]}$$

反应级数($m+n$)，反应最接近的整数。

(三)反应速率常数的测定

m 和 n 确定后，根据式(2.17)用各物质的实验初始浓度及 Δt 计算反应速率常数。

$$k=\frac{v}{c^m\left(S_2O_8^{2-}\right)c^n\left(I^-\right)}=\frac{-\Delta c\left(S_2O_3^{2-}\right)}{2\Delta tc^m\left(S_2O_8^{2-}\right)c^n\left(I^-\right)}=\frac{c\left(S_2O_3^{2-}\right)_{始}}{2\Delta tc^m\left(S_2O_8^{2-}\right)\Delta c^n\left(I^-\right)}$$

(四)反应活化能的测定

根据阿伦尼乌斯公式

$$\ln\frac{k}{[k]}=\frac{-E_a}{RT}+\ln\frac{A}{[A]}=\frac{B}{T}+C \tag{2.18}$$

可知 $\ln k$ 与 $1/T$ 为线性关系，C 为截距，B 为斜率。因此，可从实验测定几个不同温度 T 时的 k 值，以 $\ln k$ 对 $1/T$ 作图，从直线的斜率求得反应的活化能 E_a，如图 2.10 所示。

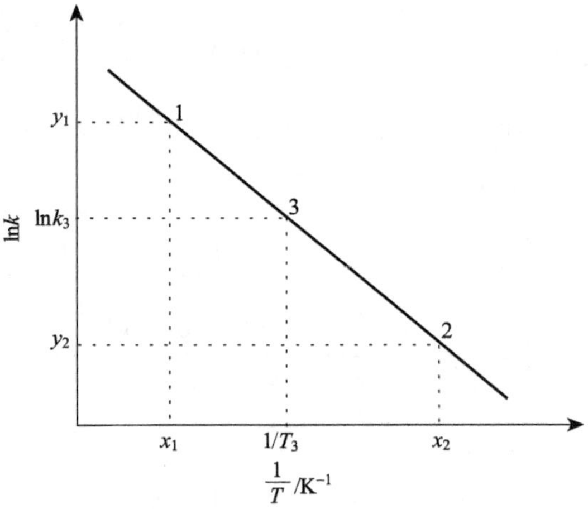

图 2.10 ln$k$ 与 1/T 的关系图

$$B = \frac{-E_a}{R}$$

则

$$E_a = -BR$$

1. 求斜率 B 的方法

在图 2.10 中的直线上任取两个非实验点 1、2，分别找出对应的坐标值(x_1, y_1)及(x_2, y_2)。根据下式求出 B

$$B = \tan\theta = \frac{y_1 - y_2}{x_1 - x_2}$$

从直线的截距，可以求得反应的特征常数 A

$$C=\ln A \qquad A=e^C$$

2. 求截距的方法

在图 2.10 中的直线上任取一非实验点 3，找出对应的 $\ln k_3$ 与 $1/T_3$，代入阿伦尼乌斯公式[式(2.18)]，即可求得截距 C。

仪器、试剂及材料

1. 仪器

烧杯(50mL)、大试管、玻璃棒、温度计、定量加液管(5mL、10mL、15mL、20mL，已安装于 500 mL 塑料瓶上)、秒表、恒温水浴。

2. 试剂及材料

$(NH_4)_2S_2O_8$(0.1mol·L^{-1})、KI(0.1mol·L^{-1})、$Na_2S_2O_3$(0.001mol·L^{-1})、KNO_3(0.1mol·L^{-1})、$(NH_4)_2SO_4$(0.1mol·L^{-1})、$CuSO_4$(0.05mol·L^{-1})、淀粉(0.8%)。

实验内容

（一）反应速率、速率常数、反应级数的测定

在室温下，做五组实验，各组实验试剂按表 2.19 要求加入。以 1 号组实验为例说明操作的步骤。

(1) 用定量加液管向 50mL 烧杯中加入 20mL $0.1\mathrm{mol \cdot L^{-1}}$ KI、5mL $0.001\mathrm{mol \cdot L^{-1}}$ $Na_2S_2O_3$、3 滴淀粉（0.8%），并用玻璃棒搅拌混匀。

(2) 用定量加液管吸取 20mL $(NH_4)_2S_2O_8$ 溶液（$0.1\mathrm{mol \cdot L^{-1}}$），迅速加入盛有混合液的烧杯中，同时按动秒表。搅拌混合后，即可停止搅拌。当溶液刚刚出现蓝色时，停表，记下反应时间 Δt，填入表 2.19 中。

其余四组实验按同样方法操作。

说明：实验中加入 KNO_3 或 $(NH_4)_2SO_4$ 溶液，目的是使实验系统总体积保持不变，且维持 $c(NH_4^+)$ 和 $c(K^+)$ 不变。

表 2.19 实验数据记录及处理

室温__________℃

实验组号		1	2	3	4	5
$(NH_4)_2S_2O_8$ ($0.1\mathrm{mol \cdot L^{-1}}$) 的体积 V/mL		20	10	5	20	20
KI ($0.1\mathrm{mol \cdot L^{-1}}$) 的体积 V/mL		20	20	20	10	5
$Na_2S_2O_3$ ($0.001\mathrm{mol \cdot L^{-1}}$) 的体积 V/mL		5	5	5	5	5
淀粉 (0.8%)		3 滴	3 滴	3 滴	3 滴	3 滴
KNO_3 ($0.1\mathrm{mol \cdot L^{-1}}$) 的体积 V/mL		—	—	—	10	15
$(NH_4)_2SO_4$ ($0.1\mathrm{mol \cdot L^{-1}}$) 的体积 V/mL		—	10	15	—	—
初始浓度	$c[(NH_4)_2S_2O_8]/(\mathrm{mol \cdot L^{-1}})$					
初始浓度	$c(KI)/(\mathrm{mol \cdot L^{-1}})$					
初始浓度	$c(Na_2S_2O_3)/(\mathrm{mol \cdot L^{-1}})$					
反应时间 Δt/s						
反应速率 $v = \dfrac{c(S_2O_3^{2-})}{2\Delta t}$						
反应速率常数 $k = \dfrac{c(S_2O_3^{2-})}{2\Delta t c^m(S_2O_8^{2-}) c^n(I^-)}$						
反应速率常数的平均值 $\bar{k}$						

根据表 2.19 中数据计算出反应速率 v、反应速率常数 k 和反应级数 $(m+n)$，并总结反应物浓度对反应速率的影响规律。

(二)测定催化剂对反应速率的影响

铜离子 Cu^{2+}可以使$(NH_4)_2S_2O_8$氧化 KI 的反应速率加快。按表 2.19 中 1 号组实验用量及上述操作步骤，不同点是向混合液中加入 2 滴催化剂 $CuSO_4$ 溶液$(0.05mol \cdot L^{-1})$之后，再迅速加入$(NH_4)_2S_2O_8$溶液，记下Δt，并与不加 Cu^{2+}的 1 号组 Δt 比较，用以说明催化剂对反应速率 v 的影响(注：只做 1 号组即可)。

(三)反应活化能的测定

为了测定反应活化能 E_a，应在浓度不变时，改变反应温度，测定不同温度时的 k 值，按式(2.18)求得 E_a。用大试管代替 50mL 烧杯作反应管，首先用定量加液管分别吸取 5mL $KI(0.1mol \cdot L^{-1})$及 5mL $Na_2S_2O_3(0.001mol \cdot L^{-1})$加入大试管中，并滴入 3 滴淀粉溶液，摇匀，放在恒温水浴中。

用定量加液管吸取 10mL$(NH_4)_2S_2O_8$溶液$(0.1mol \cdot L^{-1})$，加入另一支大试管中，插入恒温水浴中的另一盖孔中。

两支试管放置水浴中 2～3min 后，记录恒温水浴中普通温度计的准确温度，并迅速取出盛$(NH_4)_2S_2O_8$溶液的试管，把溶液倒入仍放在水浴中的另一支试管中，搅拌混匀，记录出现蓝色的时间 Δt。

将五个温度下测得的 Δt 值记入表 2.20 中，并计算所要求的各值(室温基础上，表 2.20 相隔 10℃左右为一个温度点)。

表 2.20 实验数据记录及处理

试剂初始浓度：$c[(NH_4)_2S_2O_8]$=　　　　$c(KI)$=　　　　$c(Na_2S_2O_3)$=

实验组号	6	7	8	9	10
反应温度 T/℃					
反应时间Δt/s					
反应速率 $v=\dfrac{c(S_2O_3^{2-})_{始}}{2\Delta t}$					
反应速率常数 $k=\dfrac{c(S_2O_3^{2-})_{始}}{2\Delta t c^m(S_2O_8^{2-})c^n(I^-)}$					
$\ln k$					
$\dfrac{K}{T}$					

(四)数据记录与处理

(1)把实验数据记录在表 2.19 和表 2.20 中，并计算表中所要求的各项数据。

(2) 确定反应级数 $(m+n)$。按表 2.19 中数据计算，结果取最接近的整数。

(3) 确定反应速率常数。

(4) 写出此反应的速率方程式(质量作用定律数学表达式)。

(5) 在坐标纸上(必须用坐标纸！)作 $\ln k$-$1/T$ 图，由直线的斜率求反应活化能 E_a，从截距求特征常数 A。

(6) 根据直线上任取两个非实验点求斜率，算出活化能 E_a；根据所取第三个非实验点的对应 $\ln k$ 与 $1/T$，代入阿伦尼乌斯公式中求出截距，计算特征常数 A。写出此反应的阿伦尼乌斯公式。

实验预习题

(1) 实验中向混合溶液中加入溶液时，为什么必须迅速加入？这一操作对本实验结果有什么影响？

(2) 实验中加入的试剂必须严格定量，且浓度必须很小。这又会给实验结果带来什么影响？

(3) 计算出 $(NH_4)_2S_2O_8$、KI 及 $Na_2S_2O_3$ 溶液的初始浓度。

(4) 为什么在 $\ln k$-$1/T$ 图中，应该取非实验点求斜率？坐标图上如何反映出实验的精度？

(5) 本实验测得的反应速率是平均速率还是瞬时速率？两种速率近似相等的条件是什么？

(6) 在什么条件下，反应速率方程式 $v\left(S_2O_8^{2-}\right)=kc^m\left(S_2O_8^{2-}\right)c^n\left(I^-\right)$ 中，$c\left(S_2O_8^{2-}\right)$ 可用起始浓度近似？

(7) 按 1 号组实验数据计算 $Na_2S_2O_3$ 耗尽时，$(NH_4)_2S_2O_8$ 浓度降低了多少？如何理解 $(NH_4)_2S_2O_8$ 与 KI 溶液的反应系统中 $Na_2S_2O_3$ 耗尽前 $c(I^-)$ 不变？

(8) 根据哪些组实验数据可以计算出反应级数 m、n？又根据哪些组实验数据能看出温度一定时浓度对反应速率的影响及浓度一定时温度对反应速率的影响？

【附】

作图法处理实验数据

实验中得到的大量数据可以用列表法、作图法和方程式法等表示。这里仅简介作图法。利用图形表达实验结果能直接显示出数据的特点、数据变化的规律，并能利用图形作进一步的处理，求得斜率、截距、内插值、外推值、切线等。因此，利用实验数据正确地作出图形是十分重要的。也就是说，作图水平的高低与科学实验的正确结论有密切的联系。

绘制直角坐标图时要注意以下几点：

(1) 坐标轴比例尺选择要点。用直角坐标纸时，常以自变量作横坐标，变量作纵坐标。横、纵坐标原点的读数不一定从 0 开始。坐标轴应注明所代表的常量的名称及单位。一般将坐标轴表示的物理、化学量除以其基本单位得到的纯数字量作为绘图的坐标。例如，表示温度，其单位为 K 或℃。若用温度除以基本单位 1K 或 1℃，其结果就成为纯数字量。这样处理给绘图带来规范化和方便。从图中读出数据时应注意单位的变化。

坐标轴的比例尺选择要适宜。选择时要注意：

① 最好能表示出全部有效数字。图上的最小分度值与实验值的分度值应一致，这样由图形求出物理量的准确度与测量的准确度会一致；

② 每一格所对应的数值应便于计算，便于迅速读出；

③ 要能使数据的点分散开，占满纸面，使全图布局匀称，而不要使图很小或只偏于一角；

④ 如所作图形是直线，应使直线与横坐标的夹角在 45℃左右，角度勿太大或太小。

(2) 图形的绘制。根据实验数值在图纸上标出各点后，按各点分布情况连接成曲线或直线，以表示其物理量的变化规律。测得的数据在图上画出的点应该用符号○、⊙、×、□、△等标示清楚(这些符号的面积应近似地表明测量的误差范围)。这样作出曲线后各点位置仍能很清楚，切不可只点一小“ • ”，以致作出曲线后看不出各数据点的位置。根据实验数据标出各点后，即可连接成线。曲线或直线不必通过所有各点，只要使各点均匀地分布在曲线或直线两侧即可，如有的点偏离太大，连接曲线时可不予考虑。总之，应连成一条光滑曲线或一条直线，不可绘成折线。

(3) 由直线图形求斜率。对直线 $y=Bx+A$，可用式 $B=\dfrac{y_1-y_2}{x_1-x_2}$ 求其斜率。即将两个点 (x_1, y_1)、(x_2, y_2) 的坐标值代入算出。为了减小误差，所取两点不宜相隔太近。特别应注意的是，所取的点必须在线上，不能对实验中的两组数据代入计算(除这两组数据的点恰好在线上且相距足够远)。计算时应注意的是两点坐标差之比，不是纵、横坐标长度之比，因为纵横的比例尺可能不同，以线段长度求斜率，必然导出错误的结果。

第三部分　综合性实验

实验十三　原子发射光谱法测定水中的钙离子

实验目的

(1) 了解原子发射光谱法定性、半定量及定量分析的基本原理。

(2) 了解微波等离子体原子发射光谱仪测定水中钙离子的方法。

实验原理

微波等离子体焰炬(MPT)是原子发射光谱分析法中的一种激发光源。由于焰炬温度高且具有中央通道，由载气引入该通道的待测液体试样经脱溶剂、熔融、蒸发、解离等过程，形成气态原子，各组成原子吸收能量后激发，跃迁到激发态，处于激发态上的原子不稳定，以发射特征辐射(谱线)的形式释放能量后回到基态。根据各元素气态原子所发射的特征辐射的波长和强度即可进行物质组成的定性和定量分析。

谱线强度(I)与被测元素浓度(c)有如下关系：

$$I = ac^{b} \tag{3.1}$$

式中：a——与激发源种类、工作条件及试样组成等有关的常数；

b——自吸系数。

当元素含量较低时，b 等于 1，元素的含量与其谱线强度成正比。因此，在一定工作条件下，测量谱线强度即可进行物质组成的定量分析。

在波长扫描工作方式下，可测出标准溶液中各元素的强度值以及待测试样中相应元素的同一谱线的强度值。将两者进行比较，可大致算出样品中各元素含量，据此可进行物质组成的半定量分析。

仪器、试剂及材料

1. 仪器

1020 微波等离子体原子发射光谱仪(吉林大学-小天鹅仪器有限公司)、HX-1050 型恒温循环水泵(北京博医康技术公司)、万用电炉 1000W、容量瓶(1L、100mL)、烧杯(200mL)、移液管(10mL)、洗瓶、漏斗、表面皿。

2. 试剂及材料

(1) 钙的 $1000\mu g\cdot mL^{-1}$ 的标准储备液：将 2.4973g $CaCO_3$ 放入盛有 300mL 去离子水的容量瓶中，小心加入 10mL HCl，搅拌放出 CO_2 后稀释至 1L。

(2) 钙的 $100\mu g\cdot mL^{-1}$ 的标准溶液：取 10.0mL 钙的 $1000\mu g\cdot mL^{-1}$ 的标准储备液于 100mL 容量瓶中，用去离子水稀释至刻度，摇匀。

(3) 等离子体维持气(Ar)：纯度为 99.99%的 Ar。

(4) 浓 HNO_3(分析纯)、去离子水。

实验内容

(一) 系列标准溶液的配制

取 5 个 100mL 容量瓶，依次加入 1.0mL、2.0mL、5.0mL、12.0mL、20.0mL 浓度为 $100\mu g\cdot mL^{-1}$ 的钙的标准溶液，用去离子水稀释至刻度，摇匀备用。

(二) 样品处理

将采集的水样混匀，量取适量水样(50～100mL)放入 200mL 烧杯。加入 5mL 浓 HNO_3，在电炉上加热，使水样保持微沸状态，蒸发到尽可能小的体积(15～20mL)，但不得出现沉淀和析出盐分。再加入 5mL 浓 HNO_3，盖上玻璃表面皿，加热，使之发生缓慢回流，必要时加入浓 HNO_3 直到消解完全。此时溶液透明而呈浅色，加入 1～2mL HNO_3，微微加热以溶解剩余的残渣。用去离子水冲洗烧杯壁和玻璃表面皿，然后过滤。将滤液转移到 100mL 容量瓶中，用去离子水洗涤烧杯两次，每次 5mL，洗涤液加到同一容量瓶中。冷却，稀释至刻度，摇匀，待测。

(三) 样品测定

参照“1020 型微波等离子体原子发射光谱仪的操作说明”，对水样中的钙元素进行定性和定量分析。

(1) 定性分析：判定水样中钙元素是否存在。

(2) 定量分析：首先绘制钙的标准曲线，然后测定水样中钙的含量。

注：① 在没有通入工作气体或气体未达到稳定状态时，不要启动 MPT 点火操作，否则会损坏微波发生系统；

② 不得将悬浊液或含有固体颗粒的样品溶液直接引入进样系统，应过滤后进样，否则会使雾化器堵塞；

③ 进样口不得长时间置于空气中，大量空气混入进样系统会导致 MPT 炬焰的熄灭；

④ 仪器微波发生部分存在高压，在仪器正常工作时，不得随意触摸，以免发生电击事故；

⑤ 仪器工作时应关闭上门和下门。

实验预习题

(1) 原子发射光谱法定性、定量分析的依据是什么？

(2) 原子发射光谱法如何半定量地测定未知样品中各元素的含量？

实验十四　火焰原子吸收光谱法测定茶叶中的微量金属元素含量

实验目的

(1) 熟悉原子吸收光谱分析的特点及应用。

(2) 熟悉微波消解仪的使用方法。

(3) 了解火焰原子吸收分光光度计的原理、结构及其使用方法。

实验原理

原子吸收光谱分析是基于从光源中辐射出的待测元素的特征光波通过样品的原子蒸气时，被蒸气中待测元素的基态原子所吸收，使通过的光波强度减弱，根据光波强度减弱的程度，可以求出样品中待测元素的含量。

利用锐线光源在低浓度的条件下，基态原子蒸气对共振线的吸收符合朗伯-比尔定律，即

$$A=\lg(I_0/I)=KLN_0 \tag{3.2}$$

式中：A——吸光度；

I_0——入射光强度；

I——经原子蒸气吸收后的透射光强度；

K——摩尔吸光系数；

L——辐射光穿过原子蒸气的光程长度；

N_0——基态原子密度。

当试样原子化，火焰的热力学温度低于 3000K 时，可以认为原子蒸气中基态原子的数目实际上接近原子总数。在固定的实验条件下，原子总数与试样浓度 c 的比例是恒定的，则式(3.2)可记为

$$A=K'c \tag{3.3}$$

式(3.3)是原子吸收分光光度法定量分析的基本关系式。常用标准曲线法、标准加入法进行定量分析。

茶叶作为饮料在我国有着悠久的历史。茶含有多种有益健康的有机物和丰富的微量元素，所以茶叶具有良好的保健功能和医疗作用。微量元素是人体所必需的，但摄入量过多或过少都会对人体健康产生不同程度的影响，所以测定茶叶和茶水中的微量元素具有实际意义。本实验利用微波消解法及 4 次沸水冲泡茶叶的方法来处理茶叶样品，利用火焰原子吸收法测定茶叶和茶水中的微量金属元素的含量。

仪器、试剂及材料

1. 仪器

容量瓶(100mL、250mL)、移液管(5mL、10mL、25mL)、烧杯(25mL、50mL、100mL、500mL)、量筒(100mL)、TAS-986 原子吸收分光光度计、空心阴极灯(钙、铜、锌、铁)、空气压缩机、乙炔钢瓶、微波消解仪。

2. 试剂及材料

浓硝酸、H_2O_2、$Cu(NO_3)_2·3H_2O$、5%$La(NO_3)_3$ 溶液、20%CsCl 溶液、2mol·L^{-1} 盐酸、无水 $CaCO_3$；试剂均为分析纯。

(1)钙的储存标准溶液(1.000mg·mL^{-1})的制备。

① 称取 120℃烘干后(一般在烘箱中烘干 2h)的无水 $CaCO_3$ 0.6243g，置于烧杯中，加去离子水 20～30mL，滴加 2mol·L^{-1} 盐酸至 $CaCO_3$ 完全溶解，移入 250mL 容量瓶中，用去离子水稀释至标线，摇匀。

② 钙的标准溶液(100μg·mL^{-1})：取 10.0mL 钙的储存标准溶液于 100mL 容量瓶中，用去离子水稀释至标线，摇匀。

(2)铜的储存标准溶液(1.000mg·dm^{-3})的制备。

① 称取 0.9505g 的 $Cu(NO_3)_2·3H_2O$，置于烧杯中，加去离子水 20～30mL 至 $Cu(NO_3)_2·3H_2O$ 完全溶解，移入 250 mL 容量瓶中，用去离子水稀释至标线，摇匀。

② 铜的标准溶液(100μg·mL^{-1})：取 10.0 mL 铜的储存标准溶液于 100mL 容量瓶中，用去离子水稀释至标线，摇匀。

其他元素的标准溶液也用类似的方法制备。

实验内容

(一)系列标准溶液的配制

以钙为例，取 6 个 100mL 容量瓶，依次加入 1.00mL、2.00mL、3.00mL、4.00mL、5.00mL 及 6.00mL100μg·mL^{-1} 钙的工作标准溶液，用去离子水稀释至刻度，摇匀。其他元素的系列标准溶液也用类似的方法制备。

(二)未知试样溶液的制备

1. 微波消解处理法

将 0.2000g 干燥茶叶置入 PFA 内罐中，加 2mL 浓硝酸和 1mL H_2O_2，将罐拧紧，使其密封，在微波消解仪中消解。设置消解程序温度为 170℃，爬坡时间 10min，压强 800PSI，保温 10min，运行程序(注意：茶叶样品需要预先硝酸浸泡过夜后再进行微波消解)。

2. 沸水冲泡法

(1)称取茶叶 2.000g，置入 500mL 的烧杯中。

(2)用 90mL 沸腾去离子水冲泡 5min，倒出为第一次茶水。

(3)再用 90mL 沸水冲泡 5min，倒出为第二次茶水。

(4)如此进行，得第三和第四次茶水。

(5)在上述取出的茶水中，分别加入 $La(NO_3)_3$ 和 CsCl 溶液，均定容至 100mL，备用。

(三)标准曲线的绘制与茶水中金属元素含量的测量

仪器工作条件经优化选择，各元素测定的最佳工作条件见表 3.1。

仔细阅读本实验的“TAS-986 原子吸收分光光度计的操作说明”，先绘制钙的标准曲线，再测定茶中的钙元素含量。用类似的方法分别绘制其他金属元素的标准曲线，接着测定茶中的其他几种金属元素含量。

表 3.1 TAS-986 原子吸收分光光度计的最佳工作条件

元素	Zn	Ca	Fe	Cu
分析线/nm	213.9	422.7	248.3	324.8
灯电流/mA	3	3	4	4
负高压/V	350	400	300	350
燃烧器高度/mm	4	5	4	4
燃烧器位置/mm	–2	–2	–2	–2
狭缝的宽度/nm	0.4	0.4	0.4	0.4
乙炔流量/($L \cdot min^{-1}$)	1.5	2.1	1.5	1.2
空气流量/($L \cdot min^{-1}$)	6	8	6	4

(四)数据记录及处理

根据微波消解法和沸水冲泡法处理茶叶所测得的结果，分别计算出茶叶中钙、铜、锌、铁的百分含量。

实验预习题

(1)从原理、仪器、应用三方面对原子吸收和原子发射光谱法进行比较。

(2)火焰原子吸收光谱法具有哪些特点？

(3)比较微波消解法与沸水冲泡法处理茶叶，测得的实验结果说明了什么？对指导人们饮茶有何意义？

【附】

TAS-986 原子吸收分光光度计的操作说明

(1) 开启计算机，打开仪器电源，运行专用的 AAWin 软件。出现联机界面，点击“确定”，仪器自动进行初始化。

(2) 初始化结束，进入选择元素灯的界面，对测量用灯和预热灯进行选择，如图 3.1 所示。点击“下一步”，对仪器参数进行设置。再点击“下一步”，对元素灯进行寻峰(寻找元素的特征谱线)，寻峰结束，完成对元素灯的设置，如图 3.2～图 3.4 所示。

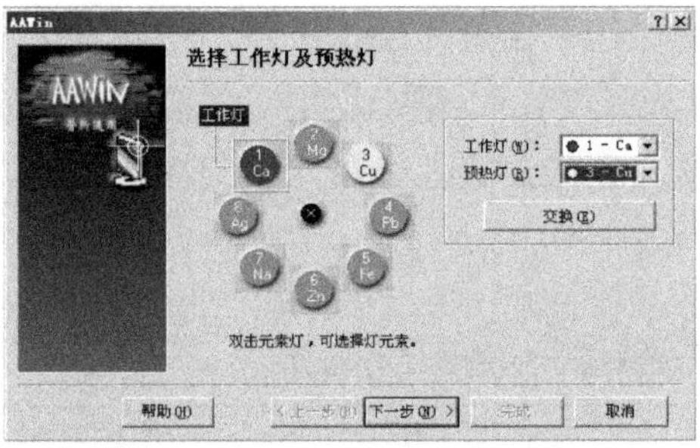

图 3.1 选择元素灯

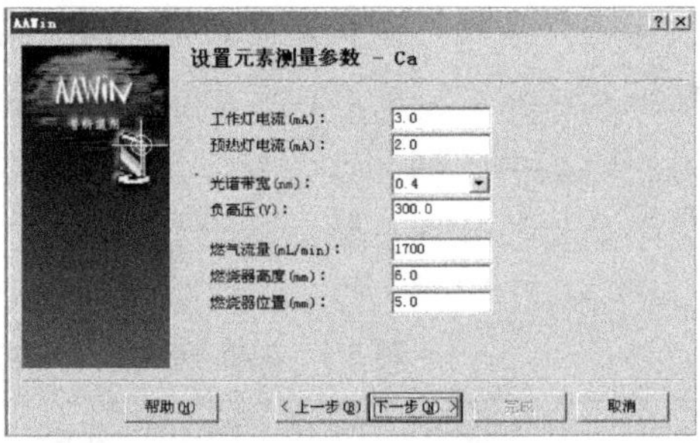

图 3.2 参数设置

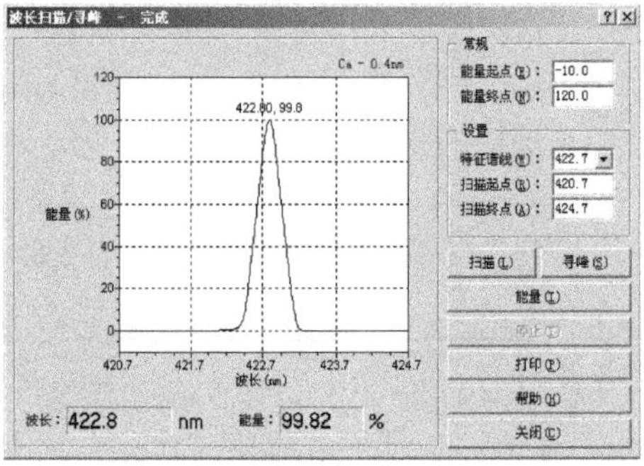

图 3.3 寻峰过程

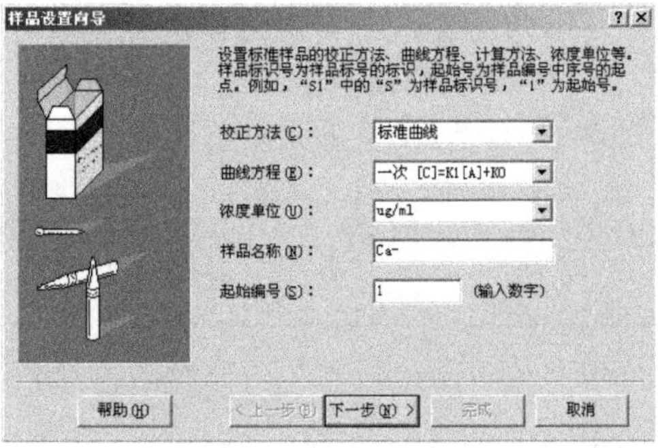

图 3.4 样品设置

(3) 进入测量界面，首先要进行样品设置向导。按照系列标准溶液和样品溶液的数量以及测量的需要进行步骤的设置。设置结束可以点击“完成”结束样品设置，也可以点击“上一步”对设置进行修改。

(4) 样品设置结束后就可以进行标准曲线与样品测定。首先将系列标准溶液及样品溶液置于干燥小烧杯中准备进行测定。然后打开空压机，设置空压机压力为 0.2～0.3MPa，再打开乙炔气瓶的阀门，点火。

(5) 火焰点燃以后，观察火焰状态，如果达不到测量要求(如火焰呈黄色或不稳)，通过软件对燃烧器参数进行调整，或者调整空压机的压力和乙炔气体的流量。

(6)测量时先测定元素标准曲线。火焰点燃后，首先进行能量自动平衡，然后进行校零，以消除火焰本身的吸收所带来的误差。再按浓度由低到高测定不同浓度标准溶液的吸光度，测完后软件自动绘出标准曲线。然后进行对样品溶液吸光度的测定，系统自动计算出样品溶液中某金属元素的浓度。

实验十五　电化学分析法测定饮料中糖的含量

实验目的

(1) 了解电化学分析法，熟悉循环伏安法的基本原理和测量技术。

(2) 掌握 LK2010 电化学分析系统的基本操作。

(3) 学会用循环伏安法进行样品测定的实验方法。

实验原理

电化学分析法是根据物质的电化学性质进行化学表征和测量的分析方法。它通常是将待测对象形成一个化学电池，通过直接测定电流、电势、电导等物理量，从而实现对待测物质的分析。其中，循环伏安法分析是指以测定电解过程中的电流–电势参量变化(伏安曲线)来进行定量、定性分析的电化学分析方法。

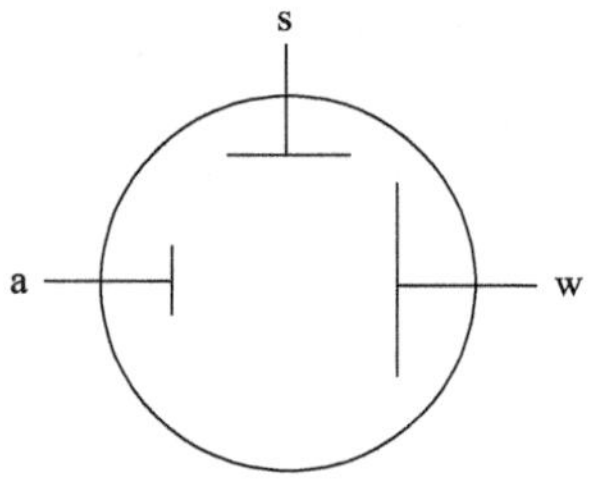

图 3.5　三电极工作原理示意图

循环伏安法是一种特殊的氧化还原分析方法，其特殊性主要表现在实验的工作环境是在三电极电解池里进行，如图 3.5 所示。w 为工作电极(本实验中用铜电极)，s 为参比电极(本实验中用饱和氯化银电极)，a 为辅助电极(本实验中用铂电极)。当将一快速变化的电势信号作用于工作电极和参比电极之间，在正向扫描(电势变负)时，在工作电极上发生还原反应产生阴极电流而指示电极表面附近待测组分浓度变化的信息；工作电极电势达到开关电势时，将扫描方向反向(电势为正)时，被还原的物质重新氧化产生阳极电流，这样所得到的电流–电势(*I-E*)曲线称为循环伏安曲线。循环伏安曲线显示一对峰，称为氧化还原峰。在一定的操作条件下，氧化还原峰高度与氧化还原组分的浓度成正比，可利用其进行物质的定量分析。

仪器、试剂及材料

1. 仪器

LK2010 电化学分析系统(天津兰力科仪器有限公司)、三电极工作体系(Ag/AgCl 电极、Pt 电极、Cu 电极)、电子天平、超声波清洗仪、烧杯、玻璃棒。

2. 试剂及材料

葡萄糖(分析纯)、NaOH 溶液($0.10mol\cdot L^{-1}$)、市售各种饮料、砂纸、滤纸。

实验内容

(一) 铜电极的处理

电化学实验的灵敏度极高，电极上任何杂质的存在都会影响实验结果。未处理的铜电极表面是粗糙的，并且有杂质附着，所以在实验前必须对电极表面进行处理。电极处理步骤如下：砂纸打磨光亮→超声水浴清洗→利用电化学分析系统对电极进行循环扫描，最后得到如图 3.6 所示的循环伏安曲线图，电极即可使用。

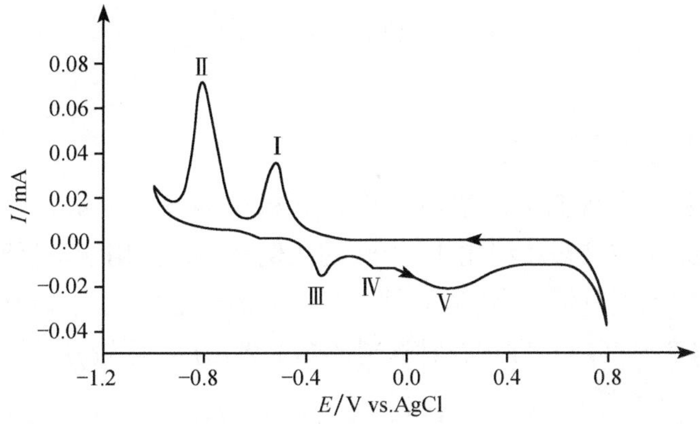

图 3.6　常温下铜电极在 NaOH($0.10mol\cdot L^{-1}$)溶液中的循环伏安曲线

实验参数设置：起始电势为–1.0 V，电势扫描上限为 0.8 V，电势扫描下限为–1.0 V，扫描方向从起始电势向下，电势扫描速度为 0.02 V/s，扫描段数为 2，平衡时间为 3s，灵敏度设定为 1mA/V，滤波设置为 50Hz。

(二) 葡萄糖标准溶液的配制

先称取 0.99g 葡萄糖固体，用 $0.10mol\cdot L^{-1}$NaOH 溶液溶解后，配制成 $0.10mol\cdot L^{-1}$ 葡萄糖溶液。再按照一定的比例，用 $0.10mol\cdot L^{-1}$ NaOH 溶液将其稀释成浓度分别为 $0.5mmol\cdot L^{-1}$、$1.0mmol\cdot L^{-1}$、$5.0mmol\cdot L^{-1}$、$8.0mmol\cdot L^{-1}$、$10.0mmol\cdot L^{-1}$、$15.0mmol\cdot L^{-1}$ 的待测溶液，备用。

(三) 葡萄糖标准曲线的绘制

将三电极分别插入电极夹中，要保证电极浸入电解质溶液中。将电化学工作站的绿色夹子接铜电极，黄色夹子接饱和氯化银电极，红色夹子接铂电极。采用扫描铜电极时的参数设置，按照从低浓度到高浓度的顺序进行测量。以浓度为横坐标、电流为纵坐标作图，得出如图 3.7 所示的标准曲线。

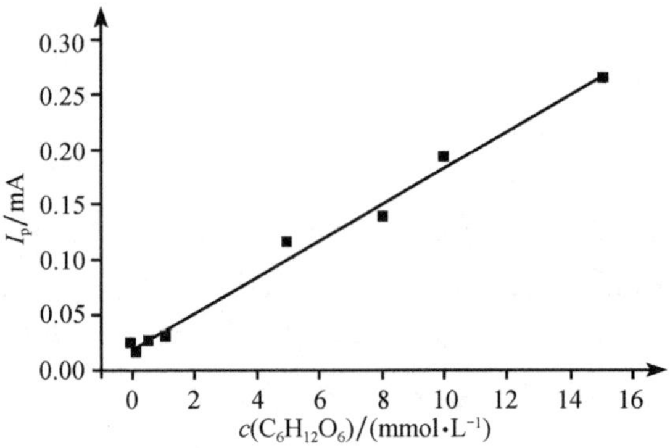

图 3.7 葡萄糖的标准曲线

（四）市售饮料葡萄糖的测定

实验时先准备几种含糖分的饮料，市售饮料中的糖分一般都比较高，实验前用 $0.10mol \cdot L^{-1}$ 的 NaOH 溶液按体积比 1∶100 的比例稀释，再用铜电极通过循环伏安法进行实验，得到稀释后饮料的峰电流值。对比图 3.7 的标准曲线，得到稀释后各种饮料的浓度，最后将该浓度乘以100，即得该种饮料的葡萄糖浓度。比较各种饮料含糖量的高低，并与包装上的成分含量进行比较。

实验预习题

（1）循环伏安法定量分析的理论依据是什么？

（2）如何作标准曲线？

（3）如何用循环伏安法测量市售饮料中糖的含量高低，并根据自己的需要选择合适的饮品？

【附】

LK2010 电化学分析系统简介

LK2010 电化学分析系统主要分为四部分，即分析系统主机、操作系统、三电极和电解池。

具体操作步骤如下：

（1）打开计算机，同时启动操作系统。

（2）点击桌面上的“LK2010”图标，稳定后出现系统界面（LK98BII 系统需自检）。

（3）选择操作系统菜单中“当前实验”，点击后出现如图 3.8 所示的对话框。在此，依据实验本身的需要选择一种实验方法，本实验选择“电势伏安方法”下的“循环扫描伏安”。

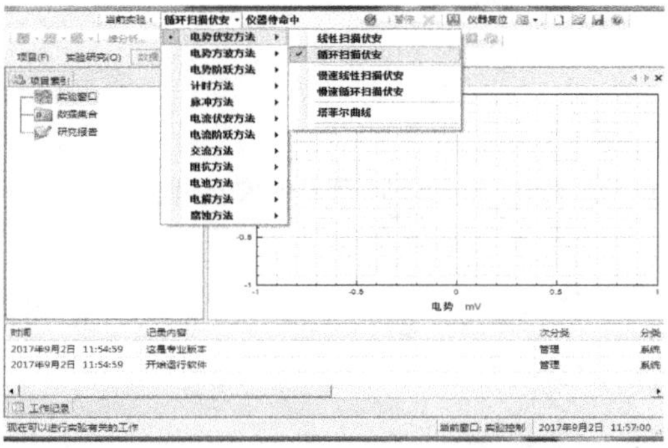

图 3.8 实验方法选择设置

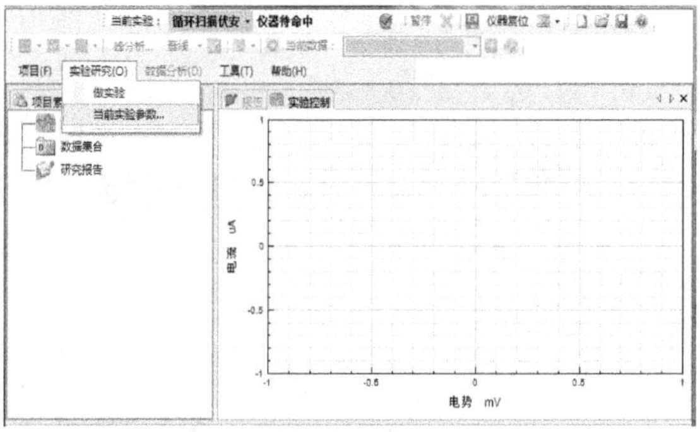

图 3.9 实验操作设置

(4) 方法设定完成后，出现如图 3.9 对话框，点击“实验研究”，选择“当前实验参数”，点击后在如图 3.10 所示的对话框中设定实验条件。实验条件根据实验所采用的系统和电极确定，这需要实验者自行进行确定。需要注意控制条件中的“灵敏度”、“放大倍数”和“滤波设置”，其中“放大倍数”一般不变，设为 1；“滤波设置”多数情况下也没有太大变化，50Hz 基本足够；“灵敏度”比较重要，必须设置，如果出现实验曲线不光滑，重新调节灵敏度控制参数就能解决。其中开关控制参数根据需要选择，在大多数情况下不需要设置。

(5) 实验条件设置完成后，点击图 3.9 对话框中“做实验”进行实验。实验完成后，将实验所得曲线保存，设置保存文件的位置，自定义名称后点击“确定”即可。

(6) 实验结果的处理。通常情况下，用 LK2010 电化学分析系统得到的曲线不直接运用在对实验结果的分析中。因为只有装有与 LK2010 电化学分析系统配套软件的计算机才能识别该系统所绘出的曲线，所以需要运用 Excel 或 Origin 软件将系统所绘出的曲线转化成图片形式。可以应用 LK2010 电化学分析系统的数据拷贝功能将数据导出，即点击数据处理菜单下的“查看数据”选项，选择一条曲线并单击该曲线的编号，在出现的对话框中点击“拷贝”，而后将拷贝出的数据粘贴到数据处理软件中，分析处理作出曲线图，以备实验结果分析时使用。

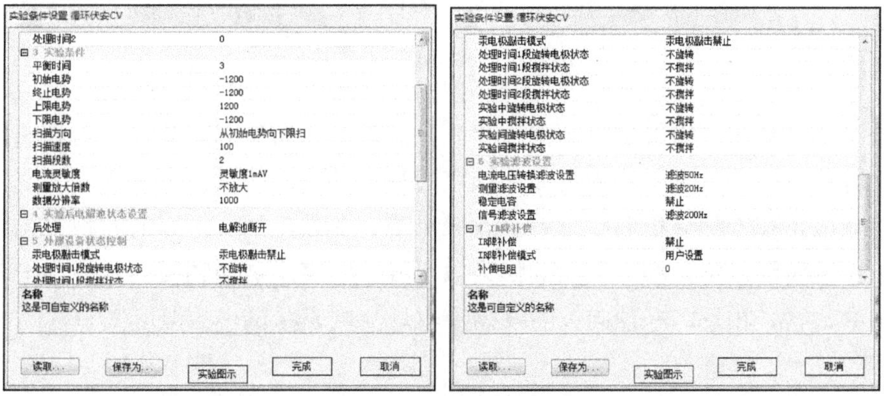

图 3.10 实验条件设置

实验十六　不同加热速率对 $CuSO_4 \cdot 5H_2O$ 脱水温度的影响

实验目的

(1) 了解差热–热重仪的工作原理、结构及其使用方法。

(2) 了解不同加热速率对 $CuSO_4 \cdot 5H_2O$ 脱水温度的影响。

实验原理

1. 差热分析

差热分析是在程序控制温度下，测量试样与参比物（一种在测量温度范围内不发生任何热效应的物质）之间的温度差与温度关系的一种技术。

许多物质在加热或冷却过程中会发生熔化、凝固、晶型转变、分解、化合、吸附、脱附等物理化学变化。这些变化必将伴随系统焓的改变，因而产生热效应，表现为该物质与外界环境之间有温度差。选择一种对热稳定的物质作为参比物，将其与样品一起置于可按设定速率升温的电炉中，分别记录参比物的温度以及样品与参比物间的温度差，以温差对温度作图就可以得到一条差热分析曲线，或称差热谱图，如图 3.11 所示。

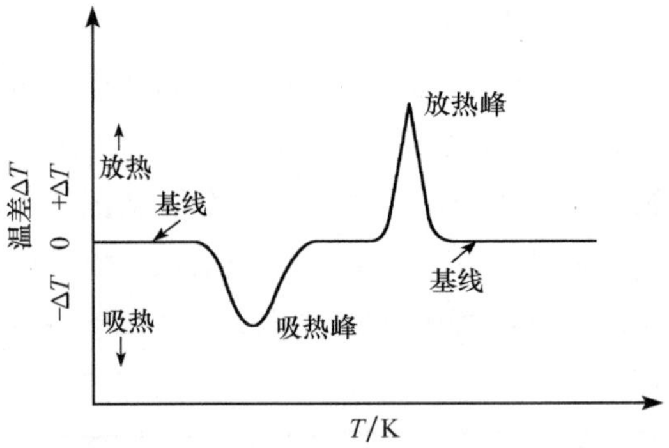

图 3.11　典型的差热谱图

如果参比物和被测物质的热容大致相同，而被测物质又无热效应，两者的温度基本相同，此时测得的是一条平滑的直线，该直线称为基线。一旦被测物质发生变化，由此产生了热效应，在差热分析曲线上就会有峰出现。热效应越大，峰的面积也就越大。在差热分析中通常还规定，峰顶向上的峰为放热峰，它表示被测物质的焓变小于零，其温度将高于参比物。相反，峰顶向下的峰为吸收峰，则表示试样的温度低于参比物。

2. 热重分析

当被测物质在加热过程中有升华、汽化、分解出气体或失去结晶水时，被测的物质质量就会发生变化，这时热重曲线就不是直线而是有所下降。通过分析热重曲线，可以知道被测物质在多少温度时发生变化，并且根据所失质量可以计算失去了多少物质（如 $CuSO_4·5H_2O$ 中的结晶水）。从热重曲线可以知道 $CuSO_4·5H_2O$ 中的 5 个结晶水是分三步脱去的（注意：通过查阅相关书籍及文献，了解 $CuSO_4·5H_2O$ 的结构来分析 5 个结晶水失去的难易程度及先后次序）。图 3.12 为热重装置结构示意图。

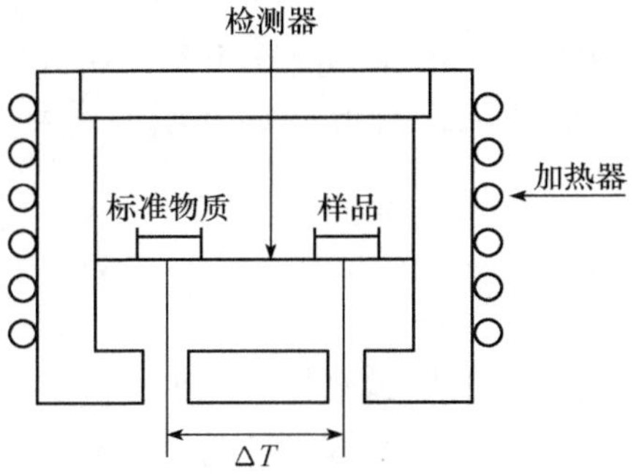

图 3.12　热重装置结构示意图

$CuSO_4·5H_2O$ 俗称胆矾或蓝矾，有毒，易溶于水，难溶于乙醇，干燥空气中缓慢风化，加热至 230℃失去全部结晶水成为无水 $CuSO_4$。它用途广泛，是制取其他铜盐的基本原料，常用作印染工业的媒染剂、农业的杀虫剂、水的杀菌剂、木材的防腐剂，也是电镀铜的主要原料。

仪器、试剂及材料

1. 仪器

DTG-60H 差热-热重联用仪、玛瑙研钵、镊子、药匙、铝坩埚、瓷坩埚。

2. 试剂及材料

$CuSO_4·5H_2O$、α-Al_2O_3、镜头纸。

实验内容

(1) 仔细阅读仪器操作说明书，在教师指导下开启仪器。

(2) 放样品。

(3) 设定程序，先设定升温速率为 20℃·min^{-1}，加热到 285℃。

(4) 加热。加热结束后，计算机自动将测得的结果存入“TA60”。

(5) 当炉温降到 50℃以下，再重新设定升温速率为 10℃·min^{-1}，同样加热到 285℃。

(6) 当炉温降到 50℃以下，再重新设定升温速率为 5℃·min^{-1}，同样加热到 285℃。

(7) 数据分析。关闭“TA-60WS”窗口，双击“TA60”→File→Open→选择所测得的数据文件→打开。

① 换坐标轴。双击横坐标轴→Unit→选择 Temp(℃)→确定，即将横坐标轴由时间变为温度。双击纵坐标轴(TGA)→Unit→选择 TGA(%)→确定(便于对不同质量的同一样品进行比较)。

② 作切线找熔点。单击差热线，Analysis→Targent，从差热线的端点拉出两条线，分别放在要作切线的点两侧适当的位置，单击右侧"Analyze"出现切点，再单击"Analyze"出现温度值。

③ 计算热重。单击热重线，Analysis→Weight Loss，从热重线的端点拉出两条线，分别放在有失重的线段的两端，单击"Analyze"出现失重的质量及失重的百分含量。

实验预习题

(1)差热-热重分析对待测样品的质量有什么要求？

(2)测试时，如果样品装得太多、太厚，对实验结果有何影响？

(3)根据实验结果分析：$CuSO_4 \cdot 5H_2O$ 分几步脱掉 5 个结晶水，写出相应的计量方程式。

(4)为什么不同的加热速率导致 $CuSO_4 \cdot 5H_2O$ 脱水温度不同？想要得到 $CuSO_4 \cdot 5H_2O$ 真实的脱水温度，应选择加热速率为多少？

【附】

DTG-60H 差热-热重联用仪使用说明

一、开机

打开电源，再打开计算机，然后打开主机等仪器。双击"TA-60WS Collect"→File→ta-ch.1→DTG-60H，出现一个蓝色画面，说明仪器已连接完成。

二、放样品

按主机仪器的"Open/Close"键，把炉子升起来，用镊子将装有参比物 α-Al_2O_3(5mg左右，均匀铺平在坩埚底部)的铝坩埚轻轻放在炉子的左侧检测杆上，将另一同样质量的空铝坩埚轻轻放在炉子的右侧检测杆上，然后再按"Open/Close"键，把炉子降下来。之后按主机的"Display"键，仪器上显示样品的质量。因为左边放了样品，所以仪器上显示负值，按"Zero"键可以清零，清零之后再按"Open/Close"键将炉子升起来，把右侧的坩埚拿出来，放入少量(5mg左右)$CuSO_4 \cdot 5H_2O$ 样品，样品颗粒尽量细小、均匀，并且最好平铺在坩埚底部。再将其重新放入炉内的右侧检测杆上，将炉子降下，按"Display"键，即显示 $CuSO_4 \cdot 5H_2O$ 样品的质量。

三、设定程序

(1) Measure→Measure Parameters。设定升温速率，一般为2～20℃·min^{-1}。最高温度可达800℃，本实验为285℃，再选择是否需要保持温度，是否加保护气等，本实验均不需要。最后点击“OK”。

(2) File Information。输入：①批号；②名称(可以用中文)；③样品质量；④相对分子质量；⑤选择坩埚；⑥选保护气；⑦保护气流速(一般为30mL·min^{-1})；⑧操作员。最后点击“OK”。

四、实验部分

全部设定结束后，点击“Start”，炉子开始加热，计算机屏幕由蓝色变成粉红色，加热结束后，屏幕又变成蓝色(绿线——温度，红线——差热，蓝线——热重)。

实验十七　气相色谱法测定酱油中防腐剂苯甲酸的含量

实验目的

(1) 了解气相色谱的仪器组成、工作原理以及数据采集、数据分析的基本操作。

(2) 掌握外标法测定酱油中防腐剂苯甲酸的含量。

实验原理

(一) 气相色谱仪简介

典型气相色谱仪由气路系统、进样系统、色谱分离系统、温度控制系统、检测系统、数据处理及其他辅助部件等构成。

1. 气路系统

气相色谱仪具有一个让载气连续运行、管路密闭的气路系统。它的气密性、载气流速的稳定性以及测量流量的准确性对色谱结果均有很大的影响。

2. 进样系统

进样系统包括进样装置和汽化室，其作用是将液体或固体试样在进入色谱柱前瞬间汽化，然后快速定量地转入色谱柱中。进样量的多少、进样时间的长短、试样的汽化速率等都会影响色谱的分离效率和分析结果的准确性及重现性。

3. 色谱分离系统

气相色谱仪的分离系统是色谱柱，由柱管和装填在其中的固定相等组成。由于混合物各组分的分离在这里完成，因此它是色谱仪中最重要的部件之一。色谱柱可分为填充柱和毛细管柱。色谱柱的分离效果除与柱长、柱径和柱形有关外，还与所选用的固定相和柱填料的制备技术以及操作条件等许多因素有关。

4. 温度控制系统

温控系统是用来设定、控制、测量色谱柱、汽化室、检测室的温度。气相色谱的流动相为气体，样品仅在气态时才能被载气携带通过色谱柱。因此，从进样到检测结束都必须控温。同时，温度是气相色谱的重要操作条件之一，直接影响色谱柱的选择性、分离效率和检测器的灵敏度及稳定性。

5. 检测系统

检测系统对流出柱的样品组分进行识别和响应。常见的检测器有热导池检测器、氢火焰离子化检测器、电子捕获检测器和火焰光度检测器。

（二）气相色谱工作原理

气相色谱法是以惰性气体为流动相的柱色谱法，是一种物理化学分离、分析方法。这种分离方法是基于物质溶解度、蒸气压、吸附能力、立体化学等物理化学性质的微小差异，使其在流动相和固定相之间的分配系数有所不同。当汽化后的试样被载气带入色谱柱中运行时，组分就在其中的两相间进行反复分配，由于固定相对各组分的吸附或溶解能力不同，因此各组分在色谱柱中的运行速率就不同，经过一定的柱长后便彼此分离，按流出顺序离开色谱柱进入检测器，在记录仪上绘制出各组分的色谱峰-流出曲线。在色谱条件一定时，任何一种物质都有确定的保留参数，如保留时间、保留体积及相对保留值等。因此，在相同的色谱操作条件下，通过比较已知纯物质和未知物的保留参数或在固定相上的位置，即可确定未知物为何种物质。测量峰高或峰面积，采用外标法、内标法或归一化法，可确定待测组分的含量。

（三）防腐剂苯甲酸

苯甲酸是常用的食品防腐剂，它具有杀死微生物或抑制微生物增殖的作用，但用量过多会对人体有一定的毒害作用。由于苯甲酸在水中溶解度较小，食品工业在使用时是加适量的碳酸钠或氢氧化钠，用热水溶解将其转化为苯甲酸钠后再加到食品中。1g 苯甲酸相当于 1.18g 苯甲酸钠。本实验是将酱油样品酸化后，使苯甲酸钠转化为苯甲酸，用乙醚提取苯甲酸，之后用气相色谱仪进行分离测定。国家标准规定酱油中的苯甲酸含量小于 $1000\text{mg}\cdot\text{kg}^{-1}$。

仪器、试剂及材料

1. 仪器

Agilent 6890N 气相色谱仪、毛细管柱进样口（分流/不分流）、氢火焰离子化检测器（FID）、HP-5 毛细管柱（30m，320μm×0.25μm）、空气泵。

2. 试剂及材料

微量注射器（10μL）、容量瓶（25mL）、移液管（5mL、1mL、0.5mL）、分液漏斗、圆底烧瓶（100mL）、高纯 H_2（99.999%）、干燥空气、高纯 N_2（99.999%）、苯甲酸、乙醚、丙酮、无水硫酸钠、盐酸（$6\text{mol}\cdot\text{L}^{-1}$）、氯化钠酸性水溶液（4%，称取 20g 氯化钠，用适量水溶解后加入 10mL 浓盐酸，再加水至 500mL）（均为分析纯）。

实验内容

（1）配制标准溶液。准确称取苯甲酸 0.1250g 于 25mL 容量瓶中，以丙酮定容后，相当于 $5.0\text{mg}\cdot\text{mL}^{-1}$。用刻度移液管分别吸取 0.5mL、1.0mL、2.0mL、3.0mL、4.0mL、5.0mL 该溶液于 25mL 容量瓶中，分别配制成 $100\mu\text{g}\cdot\text{mL}^{-1}$、$200\mu\text{g}\cdot\text{mL}^{-1}$、$400\mu\text{g}\cdot\text{mL}^{-1}$、

600μg·mL^{-1}、800μg·mL^{-1}、1000μg·mL^{-1}的苯甲酸标准溶液。

(2)样品处理。称取2.5000g样品于25mL具塞量筒中，加入0.5mL盐酸溶液，混和均匀后转入分液漏斗，用30mL乙醚分三次萃取，合并乙醚提取液于另一具塞量筒中，加入3mL氯化钠酸性溶液，充分振荡，静置，弃去水层，乙醚中加入无水硫酸钠，充分振荡，将溶液移入圆底烧瓶中，将烧瓶置于40℃水浴上吹氮气至近干，分多次用丙酮将提取物洗涤液转入25mL容量瓶并定容。

(3)检查N_2、H_2气源的状态及压力，然后打开所有气源，开启计算机及色谱仪。

(4)设定色谱条件。进样口温度200℃，柱流速为1.0mL·min^{-1}，柱温箱初始温度80℃，以20℃·min^{-1}升至180℃，检测器温度250℃，进样量为1.0μL，分流比为10∶1。

(5)用微量注射器准确抽取1.0μL溶液，注射入进样口。注意：洗针3次，抽拉针筒3次排除气泡。在相同的色谱条件下，分别运行苯甲酸标准溶液和浓度未知样品，绘制浓度标准曲线。

样品中苯甲酸的含量按照式(3.4)计算：

$$X = c_1V_1/m \tag{3.4}$$

式中：X——酱油样品中苯甲酸的含量，mg·kg^{-1}；

c_1——进样样品中苯甲酸的浓度，μg·mL^{-1}；

V_1——样品提取物丙酮溶液体积，25mL；

m——酱油样品质量，g。

注：开启色谱仪主机前，一定要先打开各气源；每次的进样量必须保持一致。

实验预习题

(1)气相色谱法中定性分析的依据是什么？

(2)如何确定色谱图上各主要峰的归属？

(3)哪些条件会影响样品的测定值？

【附】

Agilent 6890N 气相色谱仪的操作说明

一、开机

(1)检查N_2、H_2气源的状态及压力，然后打开气源和空气压缩机。

(2)打开6890N GC电源开关(6890N的IP地址已通过其键盘提前输入进6890N)。

(3)打开计算机，进入Windows 2000画面。

(4)仪器自检完毕，双击“Instrument 1 Online”图标，化学工作站自动与6890N通讯，此时6890N显示屏上显示“Loading…”。进入的工作站界面如图3.13所示。

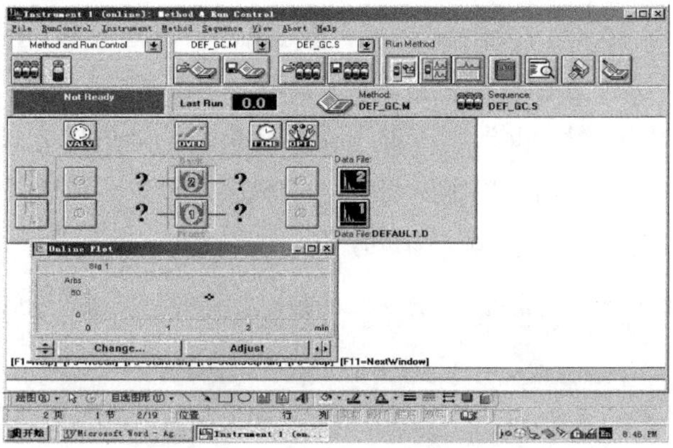

图 3.13　6890N 工作站界面

二、编辑数据采集方法

(1)从“Method”菜单中选择“Edit Entire Method”项，选中各项，单击“OK”，进入下一界面。

(2)在“Method Comments”中输入方法的信息(如方法的用途等)，单击“OK”进入下一界面。

(3)在“Select Injection Source/Location”界面中选择“Manual”，并选择所用的进样口的物理位置为“Back”，点击“OK”，进入下一界面。

(4)编辑仪器控制参数：

① 设定柱参数。点击“Columns”图标(图 3.14)，则该图标对应的参数显示出来。在“Columns”下方选择 1；Mode——选择恒压模式；Inlet——柱连接进样口的位置为“Back”；Detector ——柱连接检测器的位置为“Front”；Outlet Psi——选择“Ambient”；将流速 Flow 设为 1.0mL·min^{-1}。点击“Apply”。

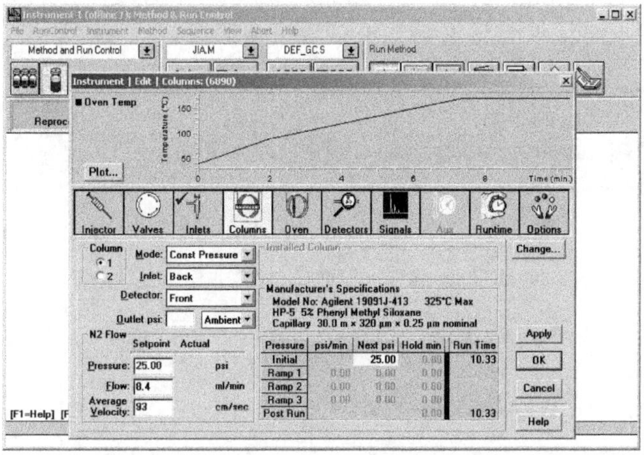

图 3.14　柱参数设置界面

② 设定进样口参数。单击“Inlets”图标，进入进样口设定界面(图 3.15)。单击“Apply”上方的下拉式箭头，选中进样口的位置为“Back”。单击“Gas”下方的下拉式箭头，选择载气类型为 N_2。单击“Mode”下方的下拉式箭头，选择进样方式为分流方式 Split。在“Set point”下方的空白框内输入进样口的温度 200℃，进样口的压力 15psi，然后点击“On”下方的所有方框。点击“Apply”。

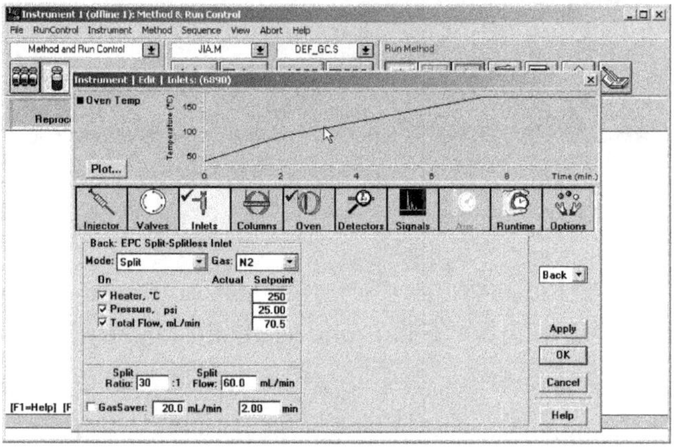

图 3.15 进样口参数设置界面

③ 设定柱温箱的温度参数。点击“Oven”图标，进入柱温箱参数设定。在“Set point”右边的空白框内输入初始温度 40℃，点击“On”左边的方框；Ramp——升温阶次；$℃\cdot min^{-1}$——升温速率；Hold min——设定在下一个温度保持的时间；也可输入柱子的最大耐高温、平衡时间(如 325℃，3min)。点击“Apply”。

④ FID 检测器参数设定。单击“Detector”图标，进行检测器参数设定。单击“Apply”上方的下拉式箭头，选中进样口的位置为“Front”；“Set point”下方的空白框内输入：H_2——$33mL\cdot min^{-1}$，air——$400mL\cdot min^{-1}$，检测器温度(如 250℃)，辅助气($25mL\cdot min^{-1}$)，选择辅助气体的类型为 N_2，并选中该参数，如图 3.16 所示。

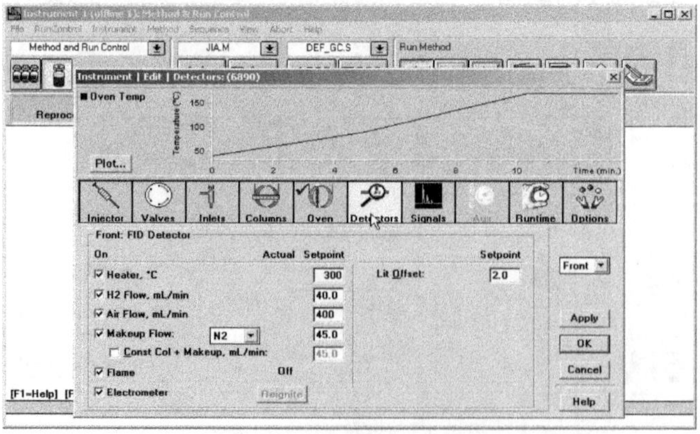

图 3.16 FID 检测器参数设定界面

Lit Offset——点火下限值(2.0PA 为缺省值)，若显示信号小于输入值，仪器将自动点火，两次点不着，仪器将发生报警信息，并关闭 FID 气体。点击“Apply”，点击“OK”。

单击“Method”菜单，选中“Save method as”，输入一方法名，如“test”，单击“OK”。从菜单“View”中选中“Online signal”，选中“Windows 1”，然后单击“Change”按钮，将所要的绘图信号移到右边的框中，点击“OK”。从“Run control ”菜单中选择“Sample info”选项，输入操作者名称(如 zzz)，在“Data file ”中选择“Manual”或“Prefix”。区别：Manual——每次进样之前必须给出新名字，否则仪器会将上次的数据覆盖掉；Prefix——在 prefix 框中输入前缀，在 Counter 框中输入计数器的起始位，单击“OK”。等仪器显示“Ready”，基线平稳，从“Method”菜单中选择“Run method”，进样，同时按下仪器键盘上的“Start”按钮，拔出注射器。在相同方法下运行标准样品和未知浓度样品。

三、数据分析方法编辑

(1) 从“View”菜单中，单击“Data analysis”进入数据分析界面。

(2) 从“File”菜单中选择“Load signal”选项，选中数据文件名，单击“OK”。

(3) 做谱图优化。从“Graphics”菜单中选择“Signal options”选项，从“Ranges”中选择“Auto scale”及合适的显示时间，单击“OK”或选择“Use Range”调整。反复进行，直到图的比例合适为止(图 3.17)。

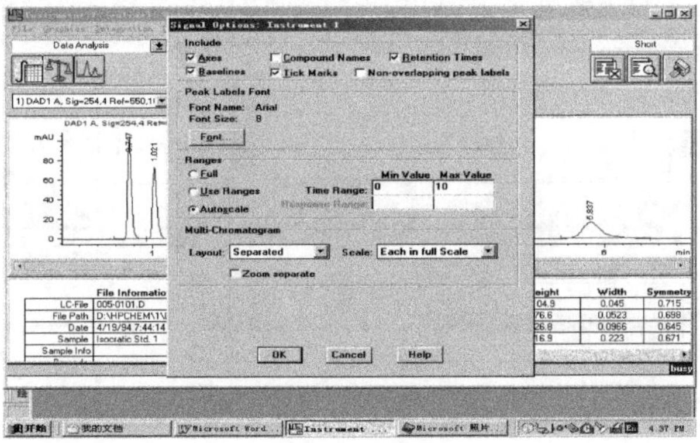

图 3.17　谱图优化界面

(4) 积分。

① 从“Integration”中选择“Auto integrate”，如积分结果不理想，再从菜单中选择 “Integration events”选项，选择合适的“Slope sensitivity”，“Peak width”，“Area reject”，“Height reject”数值来优化积分。

② 从“Integration”菜单中选择“Integrate”选项，则数据被积分。

③ 如积分结果不理想，则重复上两步动作，直到满意为止。

④ 单击左边“√”图标，将积分参数存入方法(图 3.18)。

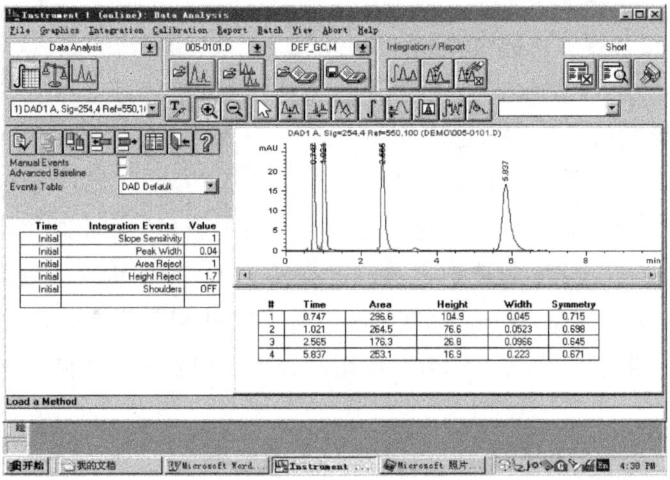

图 3.18 积分界面

(5)定量。调用相应谱图积分优化后，从“Calibration”菜单中选择“New calibration table”，建立多级校正表。调出未知样的谱图进行积分优化(图 3.19)。

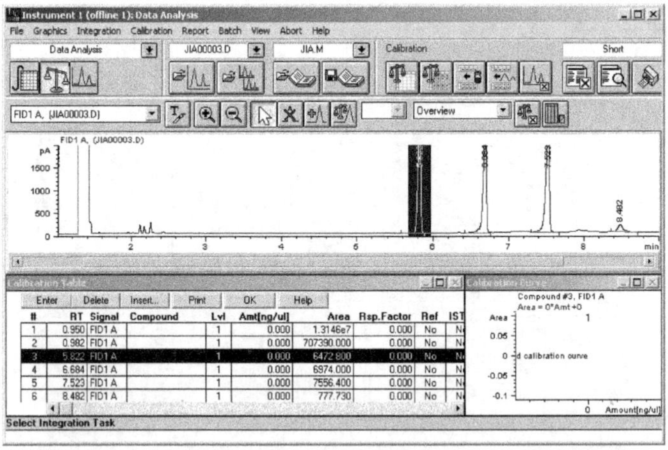

图 3.19 定量界面

(6)打印报告。

① 从“Report”菜单中选择“Specify report”选项。单击“Quantitative results”框中“Calculate”右侧的黑三角，选中 ESTD(外标法)，其他选项不变。

② 单击“OK”。

③ 从“Report”菜单中选择“Print report”，则报告结果将打印到屏幕上，如想输出到打印机上，则单击“Report”底部的“Print”按钮。

四、关机

实验结束后，退出化学工作站，退出 Windows 所有的应用程序，用“Shut down”关闭计算机。在主机键盘上关闭 FID 气体(H_2, Air)，同时关闭 FID 检测器，降温各热源(Oven temp、Inlet temp、Det temp)，待各处温度降下来后(低于 50℃)，关色谱仪主机电源，最后关氮气，关闭空气压缩机。

实验十八　高效液相色谱法测定茶叶、咖啡和可乐饮料中的咖啡因含量

实验目的

(1) 了解高效液相色谱仪的基本结构及工作原理。

(2) 了解高效液相色谱法测定咖啡因的基本原理。

(3) 学习高效液相色谱法进行定性及定量分析的基本方法。

实验原理

(一) 仪器结构及工作原理

高效液相色谱仪由储液瓶、高压输液泵、进样器、色谱柱、检测器和色谱工作站(记录仪和数据处理装置)等几部分组成，其工作流程如图 3.20 所示。

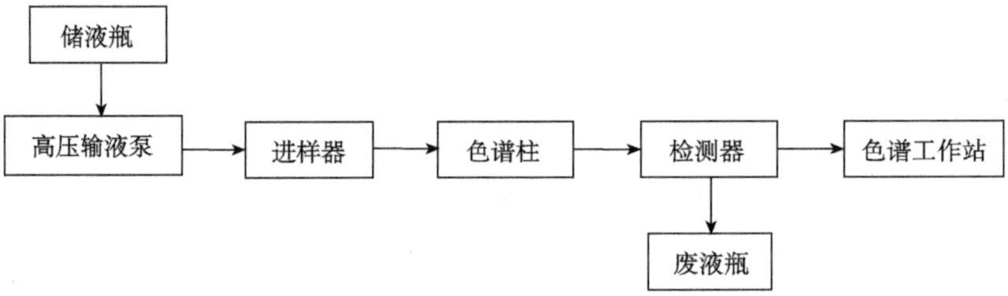

图 3.20　高效液相色谱仪的工作流程示意图

高压输液泵将储液瓶中经脱气、过滤后的流动相以稳定的流速输送至系统中，在色谱柱入口前，待测样品由进样器导入，在流动相携带下进入色谱柱内进行分离，分离后的组分依次随流动相流入检测器，检测到的信号送到工作站记录、处理，数据以谱图形式打印出来。

(二) 基本原理

咖啡因存在于茶叶、咖啡和可可中，可溶于水，有兴奋中枢神经的作用。咖啡因也称咖啡碱，为生物碱中黄嘌呤衍生物，化学名为 1,3,7-三甲基黄嘌呤，分子式为 $C_8H_{10}O_2N_4$，结构示意图如图 3.21 所示。

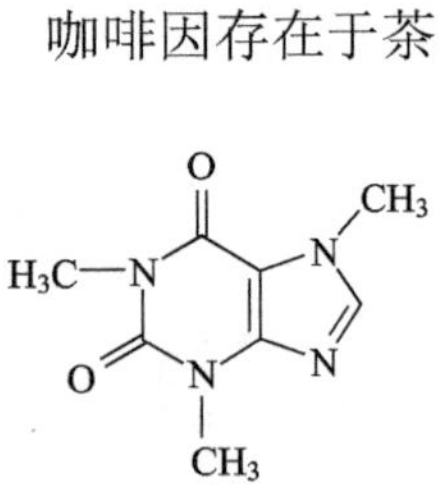

图 3.21　咖啡因结构示意图

在相同的色谱条件下，同一物质的保留时间相同。对比待测样品与已知标准物质的色谱流出曲线，可以根据保留时间进行定性分析；根据峰面积或峰高与待测组分含量成正比的关系，可以进行定量分析。本实验通过外标法测定茶叶等

样品中的咖啡因含量。

仪器、试剂及材料

1. 仪器

HP 1100 高效液相色谱仪、超声波清洗器、平头微量注射器(25μL)、溶剂过滤装置、样品过滤器、移液管(1mL、5mL、10mL、50mL)、容量瓶(10mL、100mL)、烧杯(50mL、150mL、250mL)。

2. 试剂及材料

甲醇(色谱纯)、咖啡因(进口)、茶叶、雀巢咖啡、可乐饮料、二次蒸馏水。

实验内容

(一)配制咖啡因标准溶液

(1)将标准物质咖啡因在100℃下烘干1h。准确称取0.1000g咖啡因，在50mL烧杯中用二次蒸馏水溶解，然后转移至100mL容量瓶中，洗涤烧杯两次，滤液一并移入容量瓶，最后定容至刻度。取该溶液10.00mL于100mL容量瓶中，以二次蒸馏水定容至刻度，此溶液浓度为100$\mu g \cdot mL^{-1}$，作为咖啡因标准溶液。

(2)用吸量管分别吸取(1)中 100$\mu g \cdot mL^{-1}$ 的咖啡因标准溶液：1.00mL、3.00mL、5.00mL、8.00mL于4个10mL容量瓶中，用二次蒸馏水定容至刻度。该标准系列溶液浓度分别为10$\mu g \cdot mL^{-1}$、30$\mu g \cdot mL^{-1}$、50$\mu g \cdot mL^{-1}$、80$\mu g \cdot mL^{-1}$。

(3)分别取(2)中的四种标准溶液各3mL，用0.45μm滤膜过滤，滤液存放到样品瓶中。再用同样方法取3mL(1)中的100$\mu g \cdot mL^{-1}$的咖啡因标准溶液放于第五个样品瓶。

(二)样品处理

(1)准确称取0.400g茶叶于150mL烧杯中，加入50～60mL煮沸的二次蒸馏水，并在沸水浴中浸提30min。冷却至室温后过滤于100mL容量瓶中，残茶倒回原烧杯，用少量二次蒸馏水洗涤两次，洗涤液一并滤入100mL容量瓶中，最后定容至刻度。

(2)准确称取 0.100g 雀巢咖啡，在 50mL 烧杯中用少量二次蒸馏水溶解(可稍加微热)。溶液过滤于 100mL 容量瓶中，洗涤原烧杯，洗涤液一并滤入容量瓶，最后定容至刻度。

(3)取约100mL可乐饮料于250mL烧杯中，经超声脱气5min后取出，吸取50.00mL，用二次蒸馏水定容至100mL容量瓶中。

(4)分别量取上述三种溶液3mL，用0.45μm滤膜过滤，滤液分别置于样品瓶中，分别标识为三种待测样品溶液。

(三)色谱条件

色谱柱——ZORBAX Eclipes XDB-C8，4.6mm×150mm，5μm；
流动相——甲醇∶水=30∶70；
流动相流速——0.8mL·min^{-1}；
柱温——30℃；
检测波长——274nm。

(四)定性分析

(1)将流动相溶剂纯化、超声脱气后倒入储液瓶。开启计算机，打开HP 1100色谱仪各部件电源开关，待仪器自检后，启动色谱工作站，设置仪器参数、编辑方法，进行系统初始化。待仪器基线平稳后进样测试。

(2)将进样器手柄置于取样(Load)位置，用微量注射器分别注入待测样品溶液各10μL，再将进样器手柄扳动至进样(Inject)位置。此时，样品随流动相进入色谱柱，仪器开始自动运行。

注：每次进样前，必须使进样器手柄处在取样位置，进样后再将手柄扳至进样位置。

(3)各取5滴待测样品溶液，使其分别与5滴浓度为50μg·mL^{-1}的咖啡因标准溶液于样品瓶中均匀混和。在相同的色谱条件下，将所得的三种混和液各进样10μL。

(4)对比(2)和(3)两组样品的色谱流出曲线，确定各样品中的咖啡因组分峰，分别记录保留时间。

(五)定量分析

(1)在相同的色谱条件下，分别注入10μL不同浓度的咖啡因标准系列溶液(10μg·mL^{-1}、30μg·mL^{-1}、50μg·mL^{-1}、80μg·mL^{-1}和100μg·mL^{-1})。每个浓度进样三次。

(2)在相同的色谱条件下，分别注入待测样品溶液各10μL。每个样品进样三次。

(六)结果处理

(1)测定每个浓度的咖啡因标准系列溶液的保留时间。

(2)确定待测样品溶液中的咖啡因的流出时间。

(3)利用色谱工作站建立校正表和标准曲线(横坐标为浓度，纵坐标为峰面积)。

(4)从标准曲线上直接查出注入色谱柱的待测样品溶液中的咖啡因浓度(μg·mL^{-1})。

(5)计算可乐饮料中的咖啡因含量(mg·L^{-1})；雀巢咖啡和茶叶中的咖啡因含量(mg/100g)。

实验预习题

色谱分析中利用保留值定性的依据是什么？定量的依据是什么？

【附】

HP 1100 液相色谱仪操作方法

(1) 打开计算机，进入 Windows 操作系统。

(2) 开启 HP 1100 色谱仪各部件电源开关，仪器各部件自动进入自检。待自检完毕，双击桌面“Online”图标进入化学工作站“Method and Run Control”界面(图 3.22)。

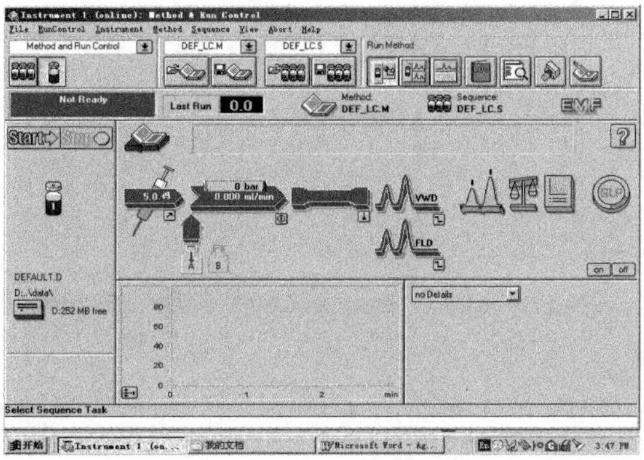

图 3.22　HP 1100 化学工作站界面

(3) 在“Method and Run Control”界面下，对高压泵参数、柱温箱及检测器参数等进行分析方法编辑。方法编辑完毕后，命名并保存。

(4) 从“Instrument”菜单选择“System On”(或点击“on”图标) 启动系统。打开“Purge”阀，使系统初始化。待废液管中无气泡流出，手动关闭“Purge”阀。

(5) 单击“View”菜单选择“Online Signal”下“Signal Windows 1”，打开信号监控窗口。单击“Change”键选择所要监控的信号，点击“Add”键，再点击“OK”。

(6) 待基线稳定，点击信号窗口的“Balance”键，进行基线归零。

(7) 单击“Run control”菜单，选择“Sample Info”，输入样品信息。

(8) 将进样器手柄置“取样”位置(Load)，用微量注射器缓缓推入样品；之后扳动进样器手柄至“进样”位置(Inject)，使样品随流动相进入色谱柱。工作站开始自行采集数据。

(9) 在数据分析(Data Analysis) 界面(图 3.23) 下进行数据方法编辑：调用数据文件、做谱图优化、设置积分参数、设定校正表参数建立标准曲线、定义输出报告并保存至方法中。

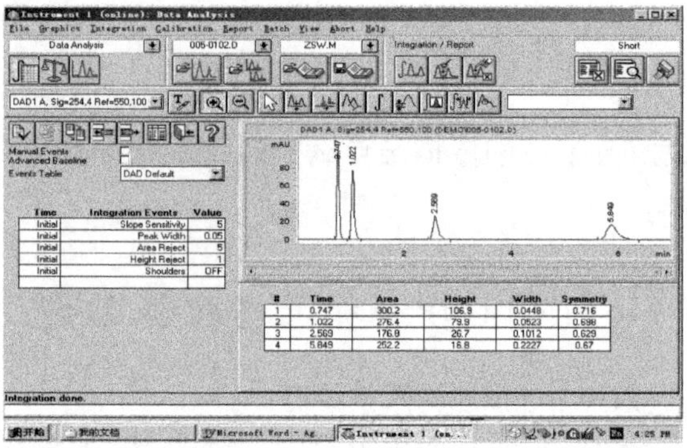

图 3.23　HP 1100 数据分析界面

(10)测定结束，系统依次用流动相、纯甲醇冲洗 10～15min，然后退出化学工作站，关闭计算机，关闭 HP 1100 各部件电源开关。

实验十九　紫外分光光度法测定苯酚的含量

实验目的

(1) 了解紫外-可见分光光度计的结构及性能，掌握其使用方法。

(2) 熟悉光谱分析法的原理，学会紫外分光光度法定性、定量测定的方法。

实验原理

紫外-可见分光光度计包括光源、单色器、样品室、检测器、数据处理系统五个部分。

光源的作用是在整个紫外光区或可见光区发射连续光谱，可见光区以钨灯作为光源，其辐射波长范围在 320～2500nm。紫外光区以氢灯或氘灯为光源，发射 185～400nm 的连续光谱。单色器是将光源发射的复合光分解成单色光，并可从中选出任一波长单色光的光学系统。样品室用来放置各种类型的吸收池(比色皿)和相应的池架附件。检测器利用光电效应将透过吸收池的光信号变成可测的电信号，检测到的信号由数据处理系统进行记录和输出。

紫外吸收光谱是指波长范围在 190.0～380.0nm 的吸收光谱，是由分子的外层价电子跃迁产生的，属于分子吸收光谱。它与原子光谱的窄吸收带不同，每种电子能级的跃迁会伴随若干振动和转动能级的跃迁，使分子光谱呈现出比原子光谱复杂得多的宽带吸收。将不同波长的光线依次通过某一固定浓度和厚度的溶液，分别测出它们对各种波长光的吸收程度，即为该物质的光吸收曲线(吸收光谱曲线)。吸收曲线可以提供物质的结构信息，可以对大量的无机物和有机物进行结构鉴定和定性分析。

利用紫外分光光度法定性分析物质，是通过比较未知样品和标准样品的光谱图对未知样品进行鉴定。在没有标准样品的情况下，测定分析可根据标准谱图或有关的电子光谱数据表进行比较。同一种物质对不同波长光的吸光度不同，其中吸光度最大处对应的波长称为最大吸收波长λ_{max}。

利用紫外分光光度法定量分析物质含量，是依据比尔定律，当吸收层厚度及入射光强度一定时，吸光度与被测物质溶液的浓度成正比。为了提高测定的灵敏度，多选用该物质的最大吸收波长作为定量分析的测定波长。

苯酚是一种有毒物质，具有致癌性和腐蚀性，已经被列入有机污染物的黑名单。但在一些药品、消毒液等产品中均含有一定量的苯酚。如果其含量超标，就会产生很大的毒害作用。在中性条件下，苯酚在紫外光区存在最大吸收峰，对溶液进行扫描时，若存在该特征峰即可作为苯酚定性分析的依据。通过测定不同浓度苯酚标准样品的吸光度值绘制标准曲线，再根据相同条件下测得的未知样品吸光度值，计算未知样品中苯酚含量。

仪器、试剂及材料

1. 仪器

TU-1900 型紫外-可见分光光度计(北京普析通用仪器有限公司)、电子天平、石英比色皿、容量瓶(500mL)、比色管(25mL)、烧杯(250mL)、刻度吸量管(2mL、10mL)、洗耳球、洗瓶、玻璃棒。

2. 试剂及材料

苯酚、蒸馏水、镜头纸、未知样品。

实验内容

(一)溶液的配制

1. 基准溶液的配制

准确称取苯酚 0.050g，置于 250mL 烧杯中，加适量蒸馏水溶解，将其全部转移到 500mL 容量瓶中，用蒸馏水定容，摇匀备用，此溶液浓度为 $100\mu g\cdot mL^{-1}$。

2. 系列标准溶液的配制

准确移取 0.5mL、1mL、2mL、3mL、5mL 的 $100\mu g\cdot mL^{-1}$ 苯酚标准溶液，分别置于 25mL 比色管中，用蒸馏水定容，摇匀备用，计算各溶液浓度。

(二)样品测定

1. 定性分析

用 1cm 比色皿，以试剂空白溶液为参比溶液，从 190～400nm 测定其吸光度，以波长为横坐标，吸光度为纵坐标，绘制吸收曲线，找出最大吸收波长 λ_{max}。

在仪器操作系统中设置定性分析参数，将装有参比溶液的两个比色皿(注意保持外壁干燥)分别放入参比光路和样品光路，进行基线扫描，再将装有待测溶液的比色皿放入样品光路，进行扫描。将未知样品溶液的吸收光谱与苯酚标准溶液吸收光谱相比较，对未知样品进行定性分析。

2. 定量分析

用 1cm 比色皿，以试剂空白溶液为参比溶液，选定上一步骤中所得最大吸收波长为主波长，分别测定各标准溶液的吸光度。以苯酚含量为横坐标，吸光度为纵坐标，绘制标准曲线。

在仪器操作系统中设置定量分析参数，用参比溶液校零，然后按照提示依次放入待测溶液进行测定。测定后，查看测定曲线，确定未知样品中苯酚的含量。

实验预习题

(1)紫外-可见分光光度法的定性、定量分析的依据是什么?

(2)紫外-可见分光光度计的主要组成部件有哪些?

(3)说明紫外-可见分光光度法的特点及适用范围。

【附】

TU-1900型紫外-可见分光光度计的操作说明

一、仪器自检

打开仪器及计算机电源，启动完成后，进入“UVwin”软件操作系统，待仪器自检结束，进入操作主页面，如图3.24所示。仪器应预热0.5～1h使光源达到稳定再开始检测样品。

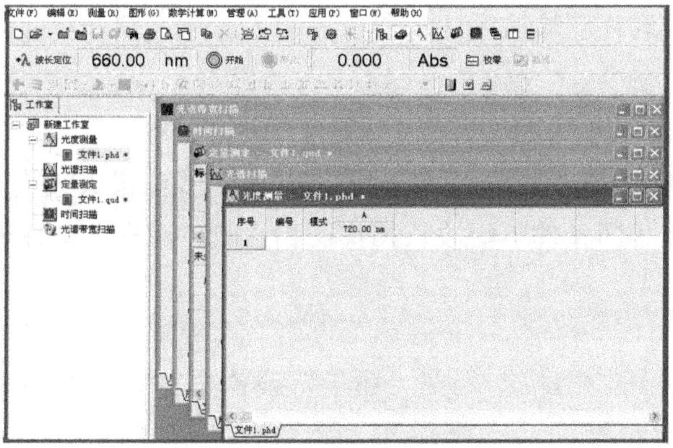

图3.24 软件操作主页

二、定性分析

点击设置菜单中“光谱扫描”，在“测量”菜单的下拉列表中选择“参数设置”。

1. 设置光谱扫描参数

按照实验要求设定参数条件，如图3.25所示。

光度方式；显示范围；扫描参数——起点，终点，速度，间隔；扫描方式。点击“确定”。

2. 基线扫描

将装有参比溶液的两个比色皿分别放入参比光路和样品光路，点击“基线”进行扫描。

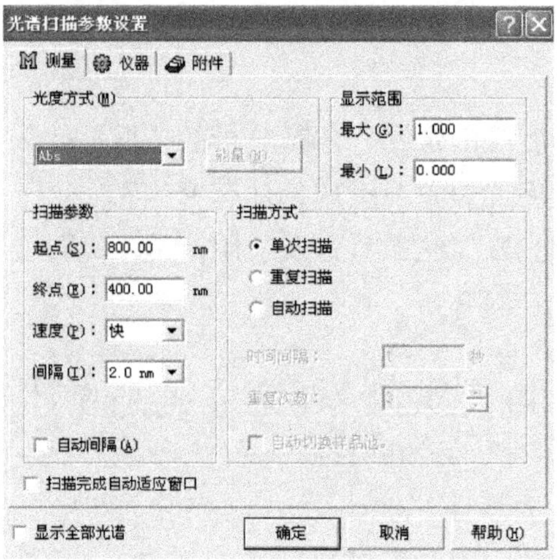

图 3.25　定性分析参数设置

3. 波长扫描

将装有参比溶液和样品溶液的比色皿分别放入参比光路和样品光路，点击“开始”进行扫描。

4. 谱图分析

在“图形”菜单的下拉列表中选择“峰值检出”，找出最大吸收波长。将试样的波长扫描图与已知样品在相同条件下的波长扫描图相比较，对未知试样进行定性分析。

三、定量分析

点击设置菜单中“定量测定”，在“测量”菜单的下拉列表中选择“参数设置”。

1. 设置定量测定参数

按照实验要求设定参数条件，如图 3.26 所示。

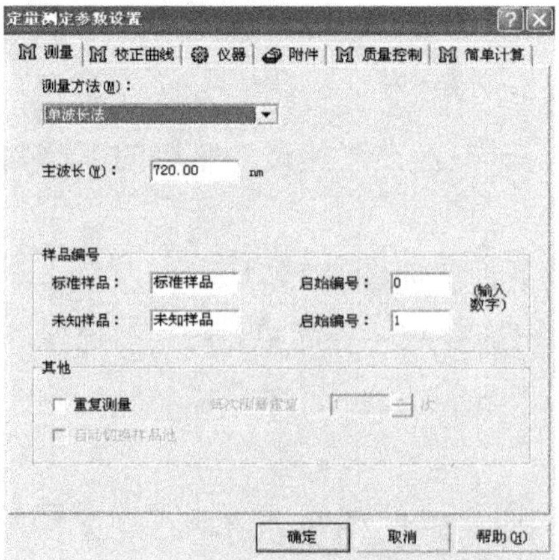

图 3.26　定量分析参数设置

测量方法；主波长；样品编号；重复测量次数；

设置校正曲线、质量控制等参数；

点击“确定”，输入标准样品浓度，如图 3.27 所示。

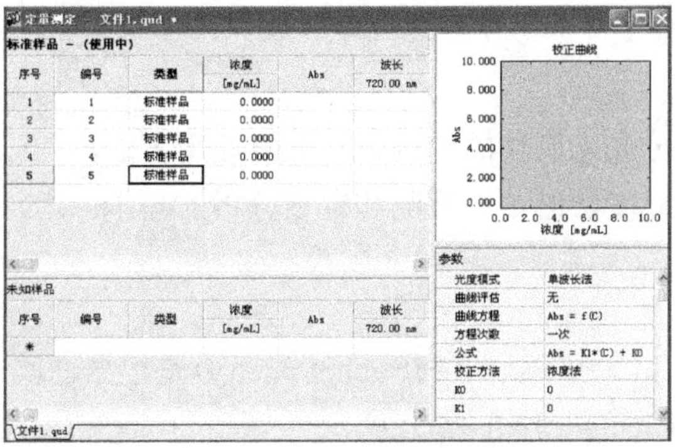

图 3.27　定量分析

2. 校零

将装有参比溶液的两个比色皿分别放入参比光路和样品光路，点击“校零”进行测定。

3. 样品测定

将装有参比溶液的比色皿放入参比光路，按照提示依次在样品光路放入各待测样品，点击“开始”进行测定。

4. 数据分析

查看标准校正曲线，确定未知试样中苯酚的含量。

实验二十　荧光分光光度法测定曙红的含量

实验目的

(1)初步了解荧光分光光度计的结构、性能及使用方法。

(2)学习荧光分光光度法的定性检测和定量分析的基本原理，掌握实验方法。

实验原理

荧光分光光度法(fluorescence spectrophotometry)是根据物质的分子荧光光谱进行定性、以荧光强度进行定量的一种分析方法。

分子在紫外或可见光的照射下吸收辐射能后形成激发态分子，分子外层的电子在10^{-8}s内返回基态。在返回基态的过程中，部分能量通过分子碰撞以热能形式释放，跃至第一激发态的最低振动能级，其他的能量以辐射形式释放。这种在光的照射下，分子外层电子从第一激发态的最低振动能级跃至基态时发射出来的光称为分子荧光。分子荧光是光致发光而产生的，通常具有比照射光较长的波长。分子荧光强度可用下式表示：

$$I_F = 2.3K'kbcI_0 \tag{3.5}$$

式中：I_F——分子荧光强度；

K'——取决于荧光效率；

k——荧光分子的摩尔吸光系数；

b——液槽厚度；

c——荧光物质的浓度；

I_0——初始荧光强度。

当I_0一定时

$$I_F = Kc$$

由此可知在一定条件下，稀溶液的荧光强度I_F与物质的浓度c呈线性关系。

荧光属于光致发光，涉及激发光(吸收光)和发射光。不同波长的入射光具有不同的激发效率，不同的物质都具有两种特征光谱，即激发光谱和发射光谱。许多荧光物质具有特征的最大激发波长和最大荧光波长，可根据其发射光谱和荧光光谱鉴别这些物质，同时在定量分析中可作为最灵敏的鉴定条件。

曙红是一种在溶液中具有强烈荧光的物质，常用作实验室中细胞荧光染色剂。曙红也被用作化妆品添加剂，但实验证明它具有一定的致癌性，因此应避免此类物质的超量使用。在低浓度时，荧光强度与曙红溶液浓度成正比。基于此，测定一系列已知浓度的曙红溶液的荧光强度，然后以荧光强度对曙红浓度作标准曲线，再在相同条件下测定未知浓度溶液曙红的荧光强度，根据标准曲线方程即可得出未知试样中曙红的含量。

仪器、试剂及材料

1. 仪器

荧光分光光度计（岛津公司）、电子天平、石英比色皿、超声波清洗机、容量瓶（50mL）、烧杯（100mL）、移液枪、洗耳球、洗瓶、玻璃棒。

2. 试剂及材料

曙红 Y、蒸馏水、镜头纸、标签纸、未知试样。

实验内容

（一）溶液的配制

1. 标准溶液的配制

配制 $1\times10^{-3}mol\cdot L^{-1}$ 曙红 Y 标准溶液：准确称取曙红 Y 0.033g，置于 100mL 烧杯中，加入 20mL 蒸馏水将其溶解，然后转移到 50mL 容量瓶中，用蒸馏水定容，摇匀备用。

2. 系列标准溶液的配制

准确移取已配制的曙红 Y 标准溶液 10μL、20μL、40μL、80μL、100μL 分别置于 50mL 容量瓶中，用蒸馏水定容，摇匀备用，计算溶液浓度。

（二）样品测定

1. 定性检测

将装有曙红标准溶液的石英比色皿放入样品光路，进行初步扫描，确定检测参数条件。修正检测参数后，再进行定性扫描。将曙红 Y 溶液的波长扫描图与已知的在相同条件下的波长扫描图或已知的谱图相比较，对试样进行定性检测。

2. 定量分析

根据定性检测结果设置实验参数条件，然后进行定量测量。按照仪器提示依次放入系列标准溶液和待测溶液。测量结束后，查看标准曲线，计算未知试样中曙红 Y 的含量。

实验预习题

(1) 荧光分光光度法的定性检测、定量分析的依据是什么？

(2) 荧光分光光度计的主要组成部件有哪些？

【附】

RF-5301PC 荧光分光光度计使用说明

一、基本操作

(1) 将荧光分光光度计主机和配套计算机相连，检查后接通电源。

(2) 先打开主机和光源，再打开计算机及仪器操作软件。

(3) 将准备好的样品放入样品检测室中。

二、定性检测

(1) 首先点击“Configure”→“PC configuration”，仪器进行自检。

(2) 点击“Configure”→“Parameters”，设定相应的参数，点击“OK”。

(3) 点击界面右下角“Start”图标，开始检测，如图 3.28 所示。

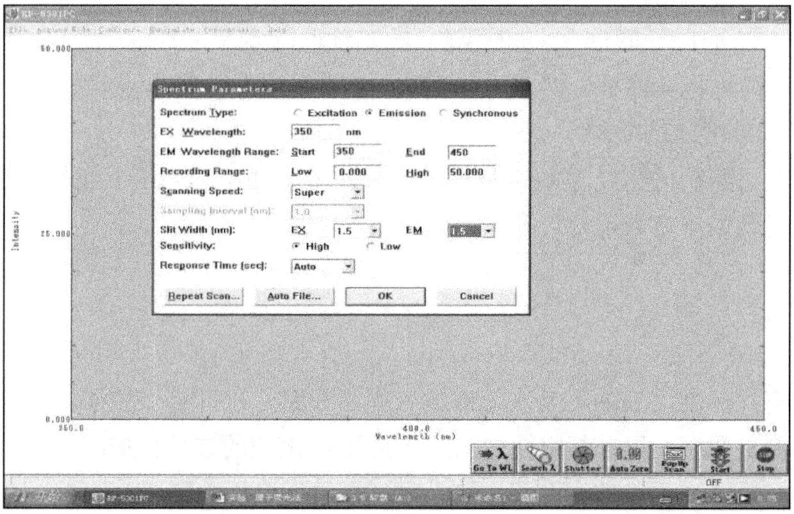

图 3.28 定性检测参数设置

三、定量分析

(1) 选择“Acquire Mode”→“Quantitative”。

(2) 再选择“Method”→“Multi Point Working Curve”，并设定相关参数，点击“OK”。

(3) 放入空白样品，点击“Auto Zero”(图 3.29)。

(4) 放入第一个标准样品，点击“Read”，输入浓度，点击“OK”。

(5) 重复步骤(4)测定其他样品，绘制标准曲线，如图 3.30 所示。

(6) 测定未知浓度样品的浓度，点击“Unknown”→“Read”。

(7) 文件菜单中点击“Save”。

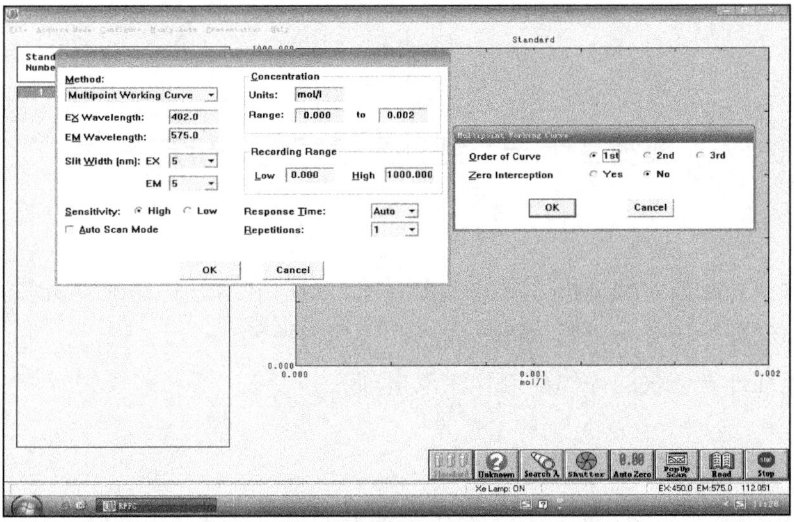

图 3.29　定量分析参数设置

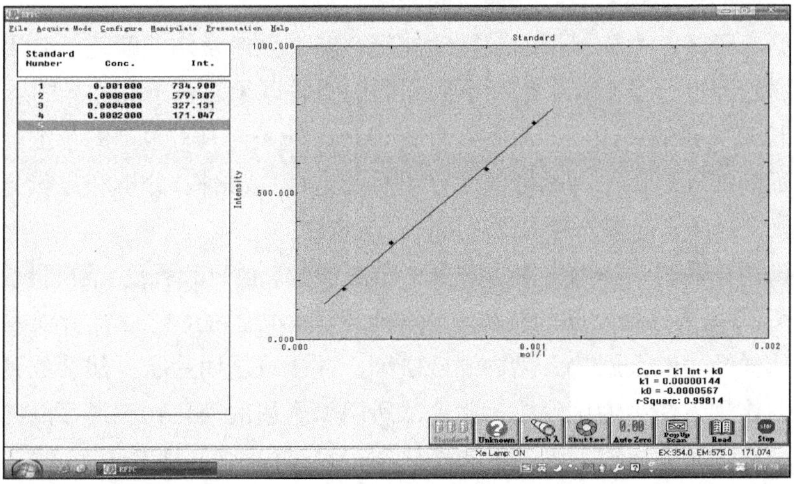

图 3.30　标准曲线

实验二十一　红外光谱定性分析方法

实验目的

(1) 了解红外光谱定性分析方法的基本原理，能够利用红外光谱鉴别官能团。

(2) 掌握红外光谱分析时固体样品的压片法制备技术。

(3) 掌握红外光谱仪的操作要点和注意事项。

实验原理

红外光谱法是利用物质对红外光区电磁辐射的选择性吸收特性，对分子中有关基团结构进行定性、定量分析的方法。当一定频率的红外光照射某物质分子时，如果该物质的分子中某基团的振动频率与红外辐射的频率一致，此时光的能量可以通过分子偶极矩的变化传递给分子，产生分子振动或转动能级从基态到激发态的跃迁。若用不同频率的红外光依次通过测定分子，就会出现不同强弱的吸收现象。记录红外光的透射率 T %与波数σ(或波长λ)关系的曲线，即得到红外光谱。红外光谱具有很高的特征性，每种化合物都具有特征的红外光谱，因此可以进行物质的定性(或结构)分析和定量分析。定性分析依据吸收峰的位置，定量分析依据朗伯-比尔定律。

红外光谱的样品制备技术直接影响到谱带的波数、数目和强度。不同状态的样品(固体、液体、气体)需要选择不同的制样方法。对于固体样品的制备，压片法是应用最多的方法。将固体样品与碱金属的卤化物混合研细，并压成透明片状，然后放到红外光谱仪上进行分析，这种方法称为压片法。压片法所用碱金属的卤化物应尽可能纯净和干燥，试剂纯度至少应达到分析纯。可以用的卤化物有 NaCl、KCl、KBr、KI 等，目前采用最多的是 KBr。

仪器、试剂及材料

1. 仪器

IR Affinity-1 型红外光谱仪、FW-4A 型压片机、模具、玛瑙研钵、红外烘烤灯。

2. 试剂及材料

KBr(光谱纯)、苯甲酸(分析纯)。

实验内容

(一)压片

称取苯甲酸 1～2mg，置于玛瑙研钵中，在红外烘烤灯下充分磨细后，加入 200mg

KBr，继续研磨至完全混匀(颗粒直径约为2μm)。取出约100mg混合物装入压片模具内(均匀铺洒)，将压片机在20MPa下压制1～2min，制成试样薄片。用不锈钢镊子小心取出试样薄片，置于样品架上待用。

(二)红外光谱测定

将试样薄片置于样品窗口，进行红外光谱测定。

实验预习题

(1)化合物的红外吸收光谱是怎样产生的?

(2)用压片法制样时，为什么要求KBr粉末干燥?

(3)如何进行红外光谱图的谱图解析?

【附】

IR Affinity-1型红外光谱仪的操作步骤

一、开机

(1)开启傅立叶红外光谱仪的电源。

(2)打开计算机，进入Windows XP操作系统。

(3)双击桌面图标，启动IR solution软件。

(4)选择测量菜单(Measurment)中的初始化菜单(Initialize)(注意：只有在测量模式才可以进行初始化操作)。

(5)参数设置。

点击功能条中的“Measure”键，在Data页中：设置Measuring Mode，选择“%Transmittance(透射率)”；Apodization(变迹函数)选择“Happ-Genzel(哈-根函数)”；No. of Scans(扫描次数)，设置“32”；Resolution(分辨率)，设置“4.0 cm^{-1}”；Range(波数范围)，设置“4000～400 cm^{-1}”；其他的More页、Files页、Advanced页、Instrument页不用设定。

二、光谱测定

(1)背景扫描：将压好的KBr片放入样品池，点击“BKG”按钮进行背景扫描。

(2)样品扫描：把含有待测样品的KBr压片放入样品室，点击“Sample”按钮进行样品测试，测试完成后可以获得样品的图谱。

(3)点击“View”按钮可以查看样品测试的图谱。

(4)保存图谱：点击“File”菜单中的“Save as”，选择或者输入保存路径和文件名(扩展名：*.smf)。

(5)选择“File”中的“Open”可以查看以前保存过的图谱。

三、图谱处理

打开要处理的图谱，点击“Manipulation 1”的下拉式菜单的“Peak Table”选项，自动转换到“处理”栏显示峰检测屏。要检测峰值可以用“噪音(Noise)”、“阈值(Threshold)”和“最小面积(Min Area)”设置，给每一个参数输入一个数值，点击“计算(Calc)”按钮，显示吸收峰检测结果。要增加或者减少检测吸收峰数目，则改变各个参数的输入数值，点击“计算(Calc)”按钮。按“OK”可以得到峰值表。要撤销计算可以按“Calculate”键。打印图谱，关机。

实验二十二　微波辐射法合成隐形荧光防伪墨水

实验目的

(1) 掌握无机杂化材料合成的原理与方法。

(2) 掌握微波辐射法合成的方法和注意事项。

(3) 以微波辐射法合成 $YVO_4:Eu^{3+}$纳米材料，并制备荧光防伪墨水。

实验原理

微波是指频率为 300MHz～300GHz 的电磁波，其波长范围为 1mm～1m。由于微波的频率比一般的无线电波频率高，又称为超高频电磁波。由于波长在 1～25cm 的电磁波广泛应用于雷达发射，其余波长范围的电磁波则应用于无线通信，为避免与无线通信及手机频率的相互干扰，家用微波炉或实验室微波反应器通常限定波长为 12.25cm (2450MHz)。

利用微波辐射法进行反应加热，主要是由于微波辐射产生的能量同反应系统中的溶剂或反应物等极性分子直接耦合，反应体系内部快速加热，加快反应进程。由于微波对人体具有一定的危害性，在使用微波反应器的过程中，一定要按操作规程使用，以避免微波泄漏。

防伪墨水是针对需要隐形防伪标记的文字、图案等内容，在日光条件下不可见，在特定紫外光条件下显色的特殊墨水。稀土钒酸盐是一类优异的发光材料，其中 $YVO_4:Eu^{3+}$材料为白色粉末发光材料，在 254nm 紫外光的激发下可发出红色荧光，发射光波长为 620nm，粉体的量子效率约 100%，因此可作为防伪墨水，也可应用在阴极射线管中及医学影像中识别癌细胞。

本实验采用微波辐射的合成方法，选用聚丙烯酸为表面活性剂，水为溶剂，通过加入氢氧化钠调节系统 pH，合成 $YVO_4:Eu^{3+}$材料。

仪器、试剂及材料

1. 仪器

微波反应器、量筒 (10mL)、烧杯、电子天平。

2. 试剂及材料

NaOH 溶液 ($2mol \cdot L^{-1}$)、$YCl_3 \cdot 6H_2O$、$EuCl_3 \cdot 6H_2O$、$Na_3VO_4 \cdot 12H_2O$、聚丙烯酸、蒸馏水、乙醇、pH 试纸。

实验内容

(一)前驱溶液的制备

用电子天平准确称取 0.1792g $YCl_3·6H_2O$、0.0110g $EuCl_3·6H_2O$ 和 0.2594g 聚丙烯酸，放在小烧杯中，加入 9mL 蒸馏水，搅拌形成前驱溶液 A。

用电子天平准确称取 0.2401g $Na_3VO_4·12H_2O$，放在小烧杯中，加入 6mL 蒸馏水，搅拌形成前驱溶液 B。

室温下，将溶解好的 Na_3VO_4 溶液(前驱溶液 B)快速注入前驱溶液 A 中，玻璃棒搅拌，待溶液全部混合均匀至橙黄色沉淀后，加入 $2mol·L^{-1}$ NaOH 调节 pH 至 12，此时溶液逐渐变澄清，生成 $YVO_4:Eu^{3+}$前驱物。

(二)$YVO_4:Eu^{3+}$的晶化合成

将 $YVO_4:Eu^{3+}$前驱物混合溶液置于 50mL 聚四氟微波反应釜中，拧紧釜盖，放入微波反应器中，反应温度设置为 180℃，反应时间设定为 10min，开始反应。反应结束，将微波反应釜冷却至室温。

在得到的悬浮液中加入 10mL 乙醇，离心(10min，10000 转)，取出后将所得上清液倒出，固体先用蒸馏水洗涤离心 3 次，再用乙醇洗涤离心 1 次，收集 $YVO_4:Eu^{3+}$白色固体。

(三)防伪墨水的配制与使用

取适量 $YVO_4:Eu^{3+}$白色固体于烧杯中，加入蒸馏水，搅拌均匀形成乳白色胶体溶液，制得防伪墨水，用毛笔或钢笔蘸取墨水即可使用，或将墨水装入打印机使用。

待纸张干后，在 245nm 紫外光源下，观察并记录现象。

实验预习题

(1)为什么微波辐射法可以加快化合物的生成速率？

(2)微波辐射法合成化合物时应注意哪些问题？

【附】

海能 TANK ECO 微波反应器的操作说明

1. 开机

打开电源开关，检查仪器是否正常。检查微波反应釜内衬是否清洗干净。

2. 装样

将反应溶液装入微波反应釜内，主管和副管溶液体积相同，溶液不少于 15mL，不多于 45mL，用专用工具将反应釜盖拧紧装好。

3. 安放样品

点击右上方按键，打开仪器门，将装好反应液的微波反应釜对称放入微波炉，插好控温仪，关闭仪器门。

4. 程序设置

点击“编辑”，在用户方法中点击“新增”，设定实验所用微波反应釜的数量，爬坡时间为 10min，压力为 350psi，保温温度为 180℃，保温时间为 10min，然后点击“确认”。最后编辑用户名并确认。

5. 微波反应

设定完程序后，点击“开始”，反应结束后，待样品温度降至室温，方可将样品取出。

6. 样品收集

反应结束后，用专用工具打开反应釜，取出反应产物，并清洗反应釜内衬，关机，关掉电源。

注：(1) 注意观察微波反应器中反应釜的运转情况。

(2) 注意观察反应过程，尤其是升温过程中，设定的温度曲线与实际运行是否相符。

(3) 主、副反应釜的溶液体积及其组成要相同，便于主管控温。

(4) 一定要待反应物温度降到室温后，方可打开反应釜，以避免危险的发生。

实验二十三　印刷电路板的化学铣切和金属材料的电解抛光

一、印刷电路板的化学铣切

实验目的

(1)了解用腐蚀法加工印刷电路板的原理和方法。

(2)进一步掌握电极电势与氧化还原反应的关系。

实验原理

由于 Cu^{2+}/Cu 与 Cu^{2+}/Cu^{+}电对的电极电势小于 Fe^{3+}/Fe^{2+}电对的电极电势，因此铜在三氯化铁溶液中能被腐蚀。其中 Cu 作还原剂，被 Fe^{3+}氧化为 Cu^{2+}；而三氯化铁溶液中的 Fe^{3+}作为氧化剂，反应后被还原为 Fe^{2+}。

化学反应计量方程式为

$$2FeCl_3+Cu \longrightarrow 2FeCl_2+CuCl_2$$

或

$$FeCl_3+Cu \longrightarrow FeCl_2+CuCl$$

仪器、试剂及材料

1. 仪器

恒温干燥箱、电压表、电流表、滑线电阻、烧杯(125mL)、三脚架、酒精灯、石棉网。

2. 试剂及材料

$FeCl_3$ 溶液(27%)、敷铜板(单双面均可)、去污粉、油漆、竹筷子、火柴、镊子、滤纸、铅笔。

实验内容

(1)用去污粉将敷铜板表面擦亮，以除去氧化膜。

(2)用铅笔将电路图绘于敷铜板上。

(3)用火柴杆将油漆涂在所绘制的电路上。

(4)将涂好涂料的敷铜板置于 75～80℃恒温干燥箱内，30～40min 后取出，冷却 5min 即可，或用煤气灯小火烤干。

(5)用竹筷子夹住敷铜板边缘，将其放入盛有 $FeCl_3$ 溶液的烧杯中腐蚀，同时用酒精

灯加热 $FeCl_3$ 溶液至 80℃左右(看见溶液上方有蒸气出现即可将酒精灯熄灭)。腐蚀过程中要不断晃动敷铜板，直到敷铜板上非电路部分全被腐蚀为止。

(6)将腐蚀后的敷铜板取出后用自来水冲洗干净，再用去污粉将油漆涂料擦掉，后用滤纸擦拭干净，即可得到印刷电路板。

实验预习题

(1)金属铜被 $FeCl_3$ 溶液腐蚀是化学腐蚀还是电化学腐蚀?

(2)用 $FeCl_3$ 溶液腐蚀铜是否一定需要加热?

二、金属材料的电解抛光

实验目的

了解通过电解原理对金属材料进行抛光的方法。

实验原理

金属制品的电解抛光是在选定的电解抛光液中，用不与抛光液起作用的金属(如铅)作阴极，把欲抛光的金属材料(或工件)作阳极，然后通以直流电，并控制一定的电流密度，使阳极凸出部位溶解较快，而凹入部位溶解较慢，以达到平整抛光的目的。

电解抛光时，把被抛光的金属材料或工件(纯铝片)作阳极，铅板作阴极，放入含有磷酸、铬酸酐(CrO_3)和水的电解抛光液中。此时工件铝被氧化而溶解，并在金属表面形成一种黏性薄膜。这种薄膜导电性不良，并能使阳极电势代数值增大。在金属凹凸不平的表面上黏性薄膜厚度分布不均匀，凸起部分膜较薄，电阻小，电流密度较大，比凹入部位溶解快，于是粗糙的表面得以平整。

阳极反应：

$$Al \longrightarrow Al^{3+} + 3e^- \quad \text{铝溶解}$$

$$2Al + 6OH^- \longrightarrow Al_2O_3 + 3H_2O + 6e^- \quad \text{形成氧化膜}$$

$$4OH^- \longrightarrow O_2 + 2H_2O + 4e^-$$

阴极反应：

$$2H^+ + 2e^- \longrightarrow H_2(g)$$

$$Cr_2O_7^{2-} + 14H^+ + 6e^- \longrightarrow 2Cr^{3+} + 7H_2O$$

仪器、试剂及材料

1. 仪器

洗盆、塑料盆、稳压电源、烧杯、镊子。

2. 试剂及材料

NaOH、Na_2CO_3、Na_2SiO_3、Na_3PO_4、H_3PO_4、H_2SO_4、CrO_3、蒸馏水、铝片(纯，3cm×

1.5cm)、铝片(2cm×1cm)、砂纸、滤纸、铅板、导线。

溶液的配制

(一)去油液和操作条件

去油液：NaOH(60g·L^{-1})、Na_2CO_3(30g·L^{-1})、Na_2SiO_3(10g·L^{-1})、Na_3PO_4(50g·L^{-1})，温度80℃，时间3～5min。

(二)电解抛光液配方和操作条件

表3.2 电解抛光液配方和操作条件

电解液成分	操作条件				
	阳极电流密度/(mA·dm^{-2})	电压/V	抛光温度/℃	时间/min	阳极面积=阴极面积/cm^2
H_3PO_4(82%) 铬酸酐(12%) 水(6%)	20～40	12～15	70	2～3	1～2

实验内容

(1)将要抛光的铝片用砂纸擦净，再用冷水冲洗干净。放入去油液中洗去油垢(3～5min)。

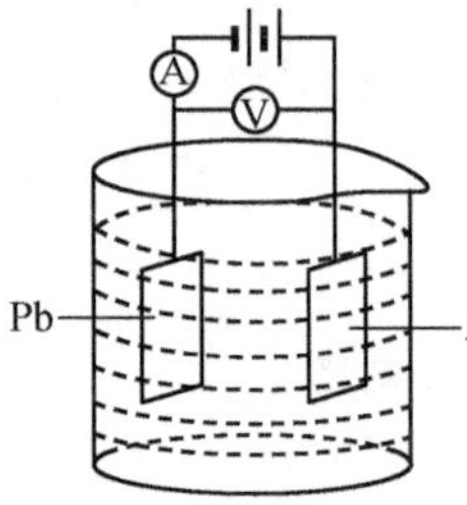

图3.31 电解抛光线路示意图

(2)用镊子将铝片从去油液中取出，再用冷水冲洗干净。

(3)将配好的电解抛光液在烧杯中加热至70℃。

(4)按线路图3.31连接好阴、阳极后将阳极取出，将电解抛光液倒入槽中，立即放入阳极，调节阴、阳极距离和电压使电流密度达到30mA·dm^{-2}左右，开始计时2～3min，时间一到立即切断电源，取出工件，用冷水冲洗2～3min，再用滤纸擦干。

(5)检查质量(与未抛光部分比较光亮度)。

实验预习题

(1)电解抛光根据什么原理？与电解切削加工有何不同？

(2)电解抛光前工件表面要经过哪些处理？

(3)影响电解抛光质量的因素有哪些？

实验二十四　常用塑料的鉴别

实验目的

(1) 学会几种常用的简便识别塑料的方法。

(2) 通过几种检查方法对常见塑料能初步加以区别。

实验原理

塑料的成分不同，性质各异，所以其用途、外表观感也不同。在火焰反应中，其焰色、燃烧状态、气味等有很大区别，在不同的溶剂中溶解的情况也不相同，据此可将塑料初步加以区别。

仪器、试剂及材料

1. 仪器

酒精灯、镊子、点滴板、玻璃棒、吸管、火柴。

2. 试剂及材料

常用塑料(聚氯乙烯、聚乙烯、聚苯乙烯、ABS、有机玻璃)、二氯甲烷、甲苯、丙酮、二甲基酰胺。

实验内容

(一) 按用途的初步判断

按一般规律，透明性好的硬质塑料制品多半是有机玻璃、聚苯乙烯和聚碳酸酯，如三角尺、眼镜框等。灰色的塑料圆管与板材通常是硬聚氯乙烯，而塑料雨衣、布、床单、电线套管、吹塑玩具、大部分塑料凉鞋底、拖鞋等多为软聚氯乙烯。塑料桶、塑料水管、水杯、食品袋、药用包装瓶及瓶塞则是聚乙烯和聚丙烯。牙刷柄、茶盘、糖盒、衣夹、自行车和汽车灯罩、硬质儿童玩具等大多数是聚苯乙烯。包装仪器、仪表的硬质泡沫塑料，包装用品以及充气鼓泡塑料包装用品是聚丙烯。机械设备上的齿轮大部分是尼龙，也有 ABS(丙烯腈-丁二烯-苯乙烯共聚物)。汽车方向盘、电器开关、以前的仪表外壳多半是酚醛热固性塑料。输油管、氧气瓶是环氧或不饱和聚酯玻璃钢的增强塑料。半导体、电视机、计算机、洗衣机、仪表等壳体现在都是由耐冲击性能好的 ABS 塑料制造的。泡沫塑料(软)有聚苯乙烯和聚氨酯的。

（二）按塑料的外表感观区别

表 3.3 塑料的外表感观

塑料名称	看	摸	听
聚乙烯	乳白色半透明	有蜡状滑腻感、质轻、柔软能弯曲	声音绵软
聚丙烯	乳白色半透明	润滑无油腻感	
聚苯乙烯	光亮透明		敲击声清脆似金属声、易脆裂
有机玻璃	光亮透明	表面光滑	声音发闷
硬聚氯乙烯	平滑坚硬	表面光滑	声音闷而不脆
软聚氯乙烯	柔软而有弹性	表面光滑	声音绵软
热固性酚醛塑料	深色不透明	表面坚硬	敲击声似木板

（三）燃烧火焰法

该法是用镊子把样品夹住，然后慢慢伸向火焰（酒精灯或煤气灯）边缘，观察可燃性，自熄性，火焰色泽，烟尘浓淡，闻其气味，从而判断是何种塑料。

(1) 聚氯乙烯及其共聚物：能够燃烧，但离开火焰即自熄，火焰为黄色，有黑烟，有氯化氢的辣味。因为共聚物中有各种添加剂，现象可能稍有变化。

(2) 聚乙烯和聚丙烯：能在火焰中燃烧，样品离开火焰仍可自由燃烧，有燃着的蜡烛气味，火焰上端为黄色，底部为蓝色，样品熔化成滴状燃烧。聚丙烯燃烧时黑烟稍多，无蜡烛气味。

(3) 聚苯乙烯：样品离开火焰后仍能自由燃烧，样品加热后变软，火焰呈亮黄色并带有浓黑烟，有甜的花香味。

(4) 有机玻璃：样品离开火焰后仍能自由燃烧，但火焰下部为蓝色，上部为黄色，燃烧时在样品表面有气泡产生，带有特殊的气味。

(5) ABS 树脂：在火焰上燃烧呈黄色火焰，有较浓的黑烟，无燃烧液滴，有烧焦的羽毛味。

(6) 热固性酚醛塑料：离开火焰即自熄，有苯酚和烧焦的木材或纸张气味。

（四）塑料在有机溶剂中的溶解情况

表 3.4 塑料在有机溶剂中的溶解情况

塑 料	可 溶	不 溶
聚氯乙烯	二甲基甲酰胺	甲苯，二氯甲烷，丙酮
ABS	二氯甲烷	甲苯，丙酮
聚苯乙烯	甲苯，二氯甲烷	
有机玻璃	甲苯，二氯甲烷	

续表

塑 料	可 溶	不 溶
聚乙烯	溶于 80℃甲苯	
聚丙烯	溶于 90℃甲苯	
热固性酚醛塑料	酰胺 200℃，热碱	

实验预习题

(1) 对一般塑料可从哪几方面区分？

(2) 聚乙烯和聚丙烯都是乳白色半透明，如何进一步区分？

(3) 聚苯乙烯和有机玻璃都光亮透明，如何进一步区分？

(4) 常用的聚氯乙烯和聚乙烯如何加以区分？

实验二十五　溶胶-凝胶法制备纳米二氧化硅

实验目的

(1)综合运用所学的基本化学理论及知识，提高综合分析和解决问题的能力。

(2)通过查阅文献，了解合成方法与表征手段，培养和训练自行设计实验方案的能力。

(3)培养、训练学生，使其初步具备撰写科技论文的能力。

实验原理

纳米技术是21世纪的一种全新技术，纳米材料也是21世纪的一种全新材料。纳米材料是指由极细晶粒组成、粒径尺寸在1～100nm的固体材料。它是一种新的物理态，具有一系列特殊的物理、化学性能，导致其在诸多领域中均有特殊应用。

纳米SiO_2是纳米材料中的重要组成部分，在高分子复合材料、陶瓷、橡胶、塑料、玻璃钢、黏结剂、涂料等诸多行业产品中被使用。近年来，纳米二氧化硅的应用也延伸到高新技术领域，如用于制备三维结构的光子晶体，用作高性能色谱分析的柱填充材料等。纳米二氧化硅的制备和应用一直受到人们的关注。

溶胶-凝胶法又称胶体化学法，是20世纪60年代发展起来的一种制备玻璃、陶瓷等无机材料的新工艺，近年来许多人用此法来制备纳米微粒。其基本原理是将金属醇盐或无机盐经水解，然后使溶质聚合凝胶化，再经干燥、焙烧，最后得到无机材料。Stöber等发现用氨作为正硅酸乙酯(TEOS)水解反应的催化剂可以控制二氧化硅粒子的形状和粒径大小，并进行了系统地研究。溶胶-凝胶法包括以下几个过程：

(1)溶胶的制备。有两种方法制备溶胶。一是先将部分或全部组分用适当沉淀剂先沉淀出来，经解聚使原来团聚的颗粒分散成原始颗粒。这种原始颗粒的大小一般在溶胶系统中为胶核的大小范围，因而可制得溶胶。另一种方法是由同样的盐溶液出发，通过对沉淀过程的仔细控制，使首先形成的颗粒不致团聚为大颗粒而沉淀，从而直接得到胶体溶胶。

(2)溶胶-凝胶转化。溶胶中含大量的水，凝胶化过程中，使系统失去流动性，形成一种开放的骨架结构。实现溶胶作用的途径有两个：一是化学法，通过溶胶中的电解质浓度来实现胶凝化；二是物理法，迫使胶粒间相互靠近，克服斥力，实现胶凝化。

(3)凝胶干燥。一定条件下(如加热)使溶剂蒸发，得到粉料，干燥过程中凝胶结构变化很大。通常溶胶-凝胶过程根据原料的种类可分为有机途径和无机途径两类。在有机途径中，通常是以有机醇盐为原料，通过水解和缩聚反应而制得溶胶，并进一步缩聚得到凝胶。金属醇盐的水解和缩聚反应可分别表示为

水解 $$M(OR)_4 + nH_2O \longrightarrow M(OR)_{(4-n)}(OH)_n + nHOR$$

缩聚 $$2M(OR)_{(4-n)}(OH)_n \longrightarrow [M(OR)_{(4-n)}(OH)_{(n-1)}]_2O + H_2O$$

再经加热去除有机溶液，就可得到金属氧化物纳米粒子。总反应式表示为

$$M(OR)_4 + 2H_2O \longrightarrow MO_2 + 4HOR$$

在无机途径中，溶胶可以通过无机盐的水解来制得，即

$$nM^+ + nH_2O \longrightarrow M(OH)_n + nH^+$$

正硅酸乙酯在乙醇介质中，氨催化条件下的化学反应过程可用下式表示：

水解 $$Si(OC_2H_5)_4 + 4H_2O \longrightarrow Si(OH)_4 + 4C_2H_5OH$$

缩合 $$nSi(OH)_4 \longrightarrow nSiO_2 + 2nH_2O$$

向溶液中加入碱液(如氨水)使得这一水解反应不断地向正方向进行，并逐渐形成 $Si(OH)_4$ 沉淀，然后将沉淀物充分水洗，过滤并分散于强酸溶液中便得到稳定的溶胶，经某种方式处理(如加热脱水)溶胶变成凝胶，干燥和焙烧后形成金属氧化物粉体。

实验要求

(1)通过校园网(http://lib.jlu.edu.cn)提供的查阅文献途径，点击此网页中的“中国知网 CNKI.NET”→点击“http://www.cnki.net”，输入关键词，就可检索到所需的文献。或者从“图书馆”里的“常用数据库”点击“Web of Science-SCI”，登录国际网站“http://www.webofknowledge.com”，输入“silica”(二氧化硅)和“sol-gel”(溶胶-凝胶)，点击“检索”，即可查到实验所需的参考文献，也可登录“Elsevier ScienceDirect”网站或“美国化学学会 ACS 电子期刊”等网站(或参阅《新大学化学(第四版)》的网络导航“如何检索科技文章和论文”)。将所查到的文献收集、整理、总结。特别要注意纳米二氧化硅的合成方法与表征手段。

(2)根据实验题目以及所查到的文献，设计实验方案。列出所需的实验仪器与试剂，拟定具体的实验步骤。

(3)实验过程中，注意实验现象的记录以及实验结果的分析与表征(注意参考文献中介绍的表征纳米粒子的手段)。

(4)实验结束后，按照科技论文的写作要求写一篇小科技论文，论文内容包括：论文题目、作者姓名、作者所属院系、摘要、关键词、前言、实验部分(包括所用的试剂、仪器、实验步骤)、结果与讨论、小结等。

EXPERIMENT 26 Absorption Spectroscopy and Lambert-Beer's Law

Purpose

In this experiment, students learn the principle of absorption spectroscopy and instrumentation by using an absorption spectrophotometer and measuring the absorption spectrum of a dye molecule in solution. At certain wavelengths, the absorbance of a sample is proportional to the concentration of the absorbing species (Beer's law). Students also investigate Lambert-Beer's law.

Introduction

An absorption spectrum is a plot of absorbance of a sample as a function of wavelength. It is produced when atoms or molecules absorb photons of certain wavelengths and are excited to higher energy states. According to quantum mechanics, atoms and molecules can occupy a limited series of energy states that correspond to distinct energy levels. To be absorbed, the energy of the coming radiation must exactly match the difference between two energy levels of the substance. Since atoms and molecules have mostly unique energy configurations (electron configurations, vibrational/rotational modes, etc.), detection by absorption spectroscopy can be made specific. Furthermore, since absorption is proportional to the concentration of sample analyte, spectroscopy can be used to quantify the amount of material present in an unknown.

Absorption in the UV-Vis range is due to electrons participating directly in bond formation or to unshared, outer electrons that are localized about electronegative atoms such as oxygen, the halogens, sulfur and nitrogen. Each type of electrons can be promoted to a higher energy molecular orbital. Molecular orbitals result from the overlap of atomic electron orbitals during bond formation between two atoms. The valence electrons of each atom are arranged in molecular orbitals in a way that minimizes repulsive Coulombic forces between neighboring electrons, and between the positively charged nuclei. When two atomic orbitals combine they form both a low energy bonding molecular orbital, and a high energy antibonding molecular orbital (designated by an *). Moreover, s and p atomic orbitals overlap in different ways. The head-on overlap of two s or two p atomic orbitals is called a σ bond and the parallel overlap of two p atomic orbitals is called a π bond. Single bonds are usually σ bonds, whereas double bonds contain one σ bond and one π bond. Thus, the net number of molecular orbitals for a double bond are σ, σ^*, π and π^*. Each of these molecular orbitals represents a different energy level as shown in Figure 3.32.

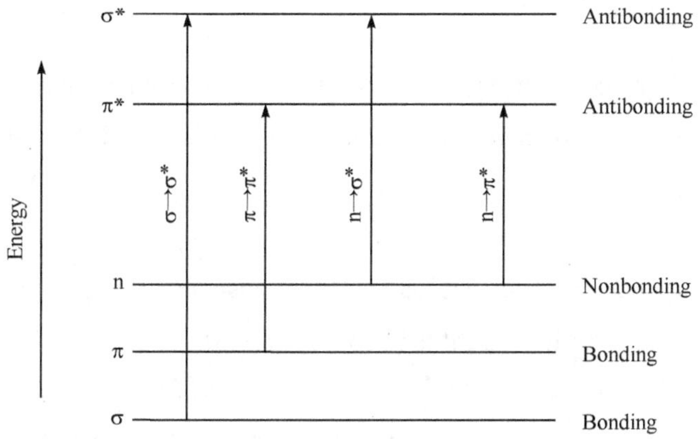

Figure 3.32 Schematic energy level diagram of molecular orbital

Each atom in an organic molecule in its ground state (low energy state) will contain bonding electrons in σ and π molecular orbitals, and outer, nonbonding unshared electrons (designated by n). There are four possible transitions for the configuration discussed: σ → σ*, n → σ*, n → π* and π → π* . Transitions among these orbitals are brought upon by radiation with energy equaling exactly the energy difference between the specific orbitals. Transitions to σ* orbitals (σ → σ*, n → σ*) require high energy radiation of wavelengths less than 200nm which usually is not encompassed in a UV-Vis spectral analysis. Vacuum UV or X-ray radiation is necessary to cause σ → σ* transitions. Transitions to π* orbital require the presence of an unsaturated functional group to supply the π* orbitals. Radiation in the 200-900nm range brings about these transitions making molecules with chromophores convenient for analysis using a UV-Vis spectrophotometer. Furthermore, n electrons are very sensitive to the stabilizing effect of polar solvents making the solvent another factor in identification and interpretation. Outer nonbonding electrons can form extensive, stabilizing hydrogen bonds with water and alcohols, whereas inner π electrons are unaffected by solvent choice. Organic molecules with conjugated double bonds, carbonyl groups, carboxyl groups, and nitro groups are the best absorbers in the UV-Vis range. Each functional group has a wavelength associated with an absorption maximum that can be used for qualitative identification in an unknown sample.

In this experiment, students will use food green 3 as a sample (a commercially available food additive) showing greenish color in aqueous solution. The molecule used for food additives with various colors has several conjugated double bonds, and thus the intense absorption bands are observed in visible wavelength region. The intense absorption is mainly due to $\pi \rightarrow \pi^*$ transition.

Lambert-Beer's Law

The amount of light penetrating a solution is known as transmittance (T), which is to be expressed as the ratio of the intensity of the transmitted light I, and the initial light intensity of the light beam I_0:

$$T=I/I_0$$

Percent transmittance (%T) defined as $T\times100$ is also used in experiments. If all light is absorbed by the sample, T=0; if no light is absorbed, T=1.0.

In practice, I_0 is measured by recording the intensity of light passing through a "blank" sample. A blank consists of everything except the analyte. This includes the cuvette, solvent and any other matrix elements. The cuvette alone will alter the amount of light transmitted due to reflectance off of the various surfaces. Measure I_0 with a blank ensures that any change in intensity is due to interactions with the sample alone. The fraction of light that is not transmitted is the light that is absorbed by the sample and can be given in terms of absorbance (A) defined below

$$A=\lg(1/T)=\lg(I_0/I)$$

The unit of absorbance is dimensionless. We can see, therefore, that when T=0.1 (%T=10), A=1.0, and that when T=1.0 (%T=100), A=0.0. The most accurate results are when the absorbance readings are in the range of A=0.05 to 1.0 (or T=0.9 to 0.1). The absorption of light is affected by the concentration of molecules in solution (M or $mol\cdot L^{-1}$) and the probability for the molecule to absorb light at a given wavelength (ε, molar extinction coefficient, $M^{-1}\cdot cm^{-1}$), and the pathlength of the sample (l, cm). This familiar relationship is known as Lambert-Beer's Law and is given below

$$A=\varepsilon cl$$

where c is the concentration of species in solution, l is the pathlength the light travels through the sample, and ε is the molar extinction coefficient (a measure of probability or allowedness of an electronic transition) at a given wavelength. The extinction coefficient is also known as the molar absorptivity.

The above principle allows one to plot a graph of Absorbance vs Concentration of various colored solutions and obtain calibration curves (also known as standard curves of Lambert-Beer's law). It is simple matter to then use these curves and determine unknown concentrations of solutions.

Absorption Spectrophotometer

In this experiment, a simple spectrophotometer is used to understand the principle of absorption spectroscopy. A schematic diagram of the absorption spectrophotometer is shown in Figure 3.33. Light from a halogen lamp (Phillips, 6605) passes through a slit and a collimating lens and the incident beam is transmitted through a transmission diffraction grating. A transmission diffraction grating is made by cutting equally spaced parallel grooves (also called rulings) in a glass or a plastic plate. The halogen lamp is a white-light source, thus students can see rainbow at the focusing plane. Different wavelengths are diffracted at different angles, θ, and appear at different positions on a focusing plane as illustrated in Figure 3.33.

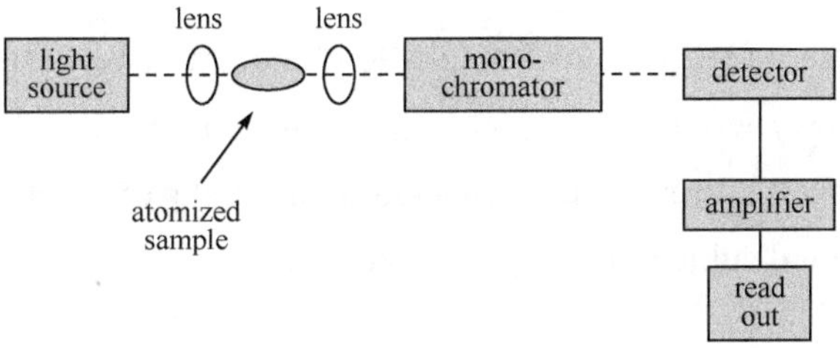

Figure 3.33 Schematic diagram of absorption spectrophotometer

The slit is used to select a particular wavelength, and a sample is placed just behind the slit. The intensity of the transmitted light at selected wavelength is measured by a photodiode and a voltmeter. Measuring $I_0(\lambda)$ and $I(\lambda)$, transmittance [$T(\lambda)$] and absorbance [$A(\lambda)$] are calculated. Transmission and absorption spectra are then obtained by plotting $T(\lambda)$ and $A(\lambda)$ as a function of wavelength.

How do you determine the wavelength, λ? The diffraction grating principle is based on the diffraction of light and constructive and destructive interference. According to the grating theory, the angle (θ) for first order diffraction at wavelength λ is given by the following equation

$$\lambda = d \sin\theta$$

where d is the spacing between centers of adjacent rulings on the diffraction grating. In the current experiment, the transmission diffraction grating has 900grooves/mm spacing, which means d=1/900mm. Students have to measure the diffraction angle, θ (corresponding to the detection angle by a photodiode) to determine wavelength, λ.

Procedure

(A) Students learn the fundamental structure and working principle of an absorption spectrophotometer

1. For this purpose, a cover on a spectrophotometer should be opened.

2. Turn on the switches of a halogen lamp, an amplifier and a voltmeter.

Confirm the generation of rainbow from the white light that is diffracted by the transmission grating, and the relationship between color and diffraction angle.

3. Consider the generation principle of rainbow with the diffraction grating.

A prism is also used as an equipment to generate rainbow. Consider the working principle of the prism.

4. A detector (photodiode) converts photons to photocurrent (electrons), and then the light intensity is measured by a voltmeter. Another detector of light is a photomultiplier that also converts photons to photocurrent. The conversion principle of photons to photocurrent (or electrons) is a fundamental subject of quantum mechanics.

(B) Measurnment of absorption spectrum

1. A greenish food additive (food green 3) is used as a sample. Students prepare an aqueous solution of food green 3 ($C_{37}H_{34}N_2Na_2O_{10}S_3$, M_w=808.85).

A glass cell with 10mm thickness is washed with tap water and then with purified water. The glass cell has two transparent planes, where the light passes through. **Do not touch these optically polished surfaces**. You can touch ground glass planes. If you want to remove a water droplet on a surface, a tissue paper or a filer paper is gently touched on the droplet to soak up.

2. The cell is filled out with purified water up to three-fourths of the volume. Insert this blank sample in the cell compartment.

3. Measure the light intensity as a function of wavelength (diffraction angle, θ). A suitable wavelength range is 500～750nm. Students should calculate the corresponding diffraction angle θ, prior to starting experiments and measure the intensity every 0.5 degrees. The measured intensities correspond to $I_0(\lambda)$.

4. Waste water, and filled out with sample solution up to one-half by using a plastic pipette. The inside of the cell is rinsed with a small amount of inner solution using a pipette, and then waste sample solution. Be careful not to add a scratch to the cell surface. This rinsing process should be repeated three times to clean the glass cell, especially for quantitative measurements such as making calibration curves.

The cell is filled out again with sample solution up to three-fourths, and the sample cell is inserted into the cell compartment.

5. Measure the light intensity as a function of wavelength (diffraction angle, θ) similar to the procedure 3. The measured intensities correspond to $I(\lambda)$.

6. Calculate transmittance and absorbance as a function of wavelength, and plot transmission and absorption spectra. Find the wavelength for maximum absorbance.

7. Consider the relationship between the color of sample solution and the wavelength for maximum absorbance. If the concentration of the sample is known, molar extinction coefficient, $\varepsilon(\lambda)$, is also calculated, which is characteristic for each molecule. The spectral shape of $A(\lambda)$ and $\varepsilon(\lambda)$ can be used for the identification of molecules.

(C) Sample dilution and Lambert-Beer's law

1. Use a 2mL plastic pipette and a stock solution to make up the following dilutions in 10mL bottles:

(1) 2mL stock : 8mL purified water

(2) 4mL stock : 6mL purified water

(3) 6mL stock : 4mL purified water

(4) 8mL stock : 2mL purified water

Mix the solution thoroughly.

Calculate the concentration of sample food green 3, of each dilution.

2. Set the angle θ (or wavelength) for maximum absorbance.

3. The glass cell is filled out with solution (a). The rinsing process written in (B)-5 should be done. Insert the cell into the cell compartment.

4. Measure the light intensity.

5. Repeat with each of other dilutions, (b) - (d).

6. Calculate transmittance and absorbance of samples (a) - (d) at the wavelength of maximum absorbance. Make graphs of transmittance versus concentration and absorbance versus concentration including stock solution.

7. Consider the relationship between absorbance and concentration. This relationship is simply called Beer's law. The relationship between absorbance and pathlength is called Lambert's law. Note whether Beer's law is obeyed.

8. Turn off all of the switches.

(D) Cleaning up

1. The used cell is washed with tap water and dip in cleaning solution.

2. All other glass vessels are washed and rinsed with purified water.

附　　录

附录Ⅰ　动画实验室简介

一、动画实验室功能简介

“动画实验室”(COREL ChemLab 1.0)是一套功能完备的用来模拟实际化学实验室的软件。该软件提供了完全图形化可视界面，模拟实验室内的仪器、药品、装置和现实实验室内的非常相似，学生在“动画实验室”中即可完成指定的化学实验。与实际动手实验相比，“动画实验室”具有如下优势：操作简单(只需鼠标点击，拖曳)，实验现象准确；实验时间短，允许人为操作错误；可完成一些有毒、有放射性、易燃易爆等危险实验；图像、声音生动形象。主操作界面见附图 1.1。

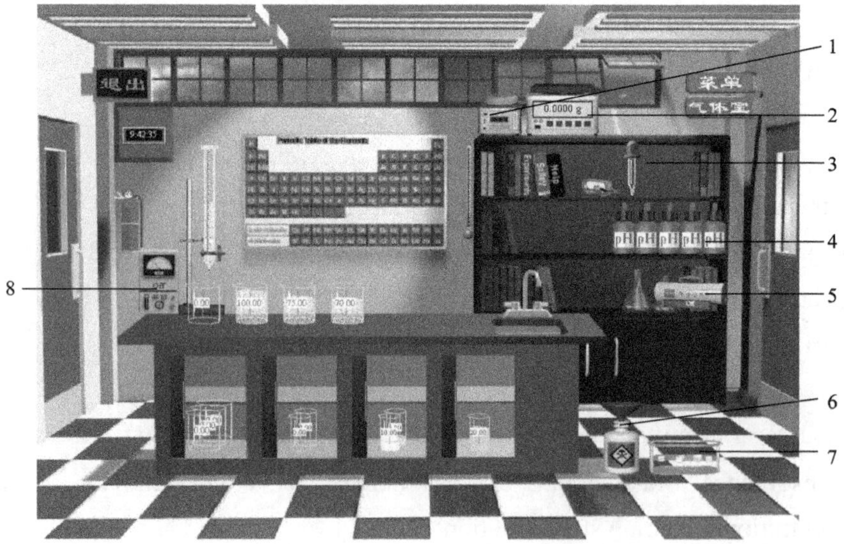

附图 1.1　“动画实验室”主操作界面

1. 电炉；2. 电子天平；3. 滴管；4. 指示剂；5. 盖革计数器；6. 回收瓶；7. 冰浴；8. pH 计

实验台上：空烧杯(右键点击烧杯，选“充入”可放入各种物质)、烧杯、滴定管(点击左键放出溶液)、pH 计(pH meter)、蒸馏水水龙头(distilled water，点击左键放水)、下水槽。

实验室墙上：元素周期表、时钟[可换成数字式(digital)]。

实验架上：指示剂、滴管、温度计、电子天平、盖革计数器(Geiger Counter，测量放射性)、电炉。

实验台下柜子里(点击鼠标左键可打开柜门)：空烧杯(左 1，2 柜)、放射性钠(左 3 柜，无色)、硝酸甘油(左 3 柜，黄色)、汞液(左 4 柜)。

实验室地板上：回收瓶、冰浴。

动画实验室主要功能如下：

点击“菜单”后弹出如附图 1.2 所示的菜单项。以下对主要菜单项进行说明。

(1) 在“实验”菜单项中提供了五大类(物理性质实验、酸/碱实验、动力学实验、气体实验、附加实验)共 32 个动画实验(附图 1.3)，具体如下：

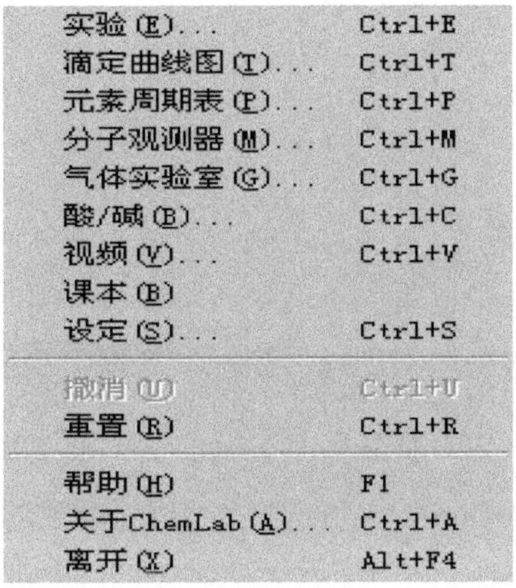

附图 1.2　菜单

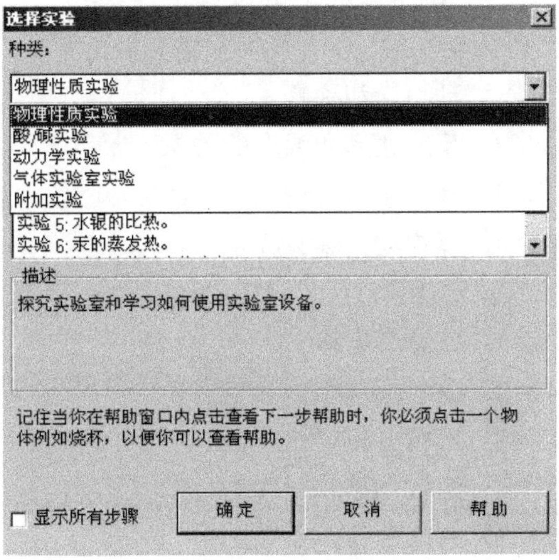

附图 1.3　实验选择界面

① 物理性质实验。

实验 1　实验室简介

实验 2　精确称量

实验 3　测定电炉的功率

实验 4　水蒸气的蒸发热

实验 5　汞的比热容

实验 6　汞的蒸发热

实验 7　混合液体温度的改变

实验 8　沸点的升高

② 酸/碱实验。

实验 1　使用 pH 指示剂研究 pH

实验 2　酸的稀释

实验 3　碱的稀释

实验 4　强酸滴定曲线

实验 5　强碱滴定曲线

实验 6　弱酸滴定曲线

实验 7　弱碱滴定曲线

实验 8　滴定曲线的比较

实验 9　缓冲溶液的配制和比较

实验 10　制备指定 pH 的缓冲溶液

实验 11　确定弱酸的 pK_a

实验 12　确定弱碱的 pK_b

③ 动力学实验。

实验 1　动力学和稀释

实验 2　反应速率和温度的关系

实验 3　反应级数的测定

实验 4　爆炸动力学

④ 气体实验。

实验 1　玻意耳定律

实验 2　查尔斯定律

实验 3　气体分压定律

实验 4　阿伏伽德罗定律

实验 5　理想气体定律和摩尔气体常量

⑤ 附加实验。

实验 1　氧化还原反应　用高锰酸钾滴定二价铁离子溶液

实验 2　放射性　用稀释法测量溶液的体积

实验 3　放射性　测量同位素的半衰期

(2)“滴定曲线图”。做酸碱滴定实验时，“滴定曲线图”对话框自动弹出，并同步绘出滴定曲线。使用者通过选中“取数据点”和对话框可在滴定曲线上取任意点，并读出其坐标值。

(3)“元素周期表”(附图 1.4)。该元素周期表是交互式的。在元素周期表上点击任意元素符号，在对话框右边出现该元素的原子序数、相对原子质量、沸点、熔点、元素符号、电子排布式、元素名称等信息。

在“分子式”标签内可自动计算化合物分子式的相对分子质量(点击化合物所包含的元素，化合物包含几个这种元素的原子，就点击几下)，该分子式如被收录，会在“匹配的分子式”内自动列出。

“同位素”标签栏解释了元素的相对原子质量怎样由同位素的相对原子质量及其在自然界中的含量计算而来。这里可查到某种元素的同位素的原子序数、自然界中的含量和

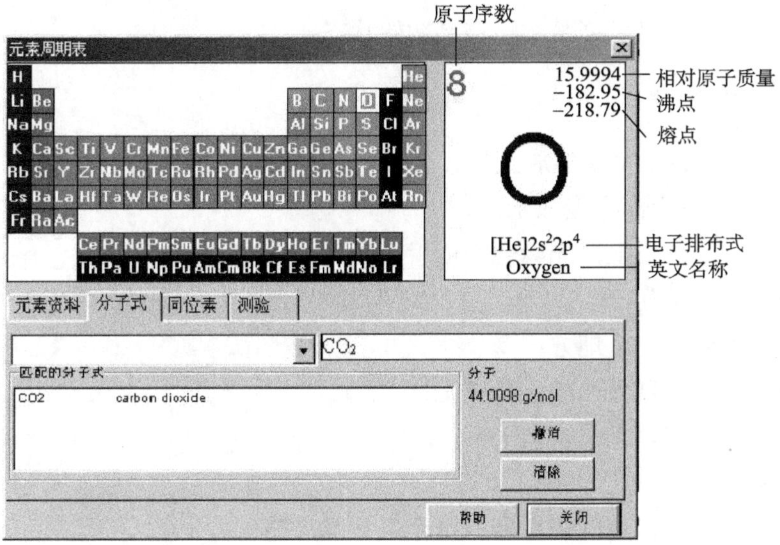

附图 1.4 元素周期表

同位素的相对原子质量等信息。

“测验”标签栏内提供了一个有趣的快速学习元素名称的方法。

(4)“分子观测器”(附图 1.5)。使用分子观测器可学习化合物分子式和掌握其结构，可以查看化合物分子式的立体结构。有超过 150 个化合物分子可供选择，并可以放大、缩小、旋转分子式，同时附有分子结构和名称的测验。

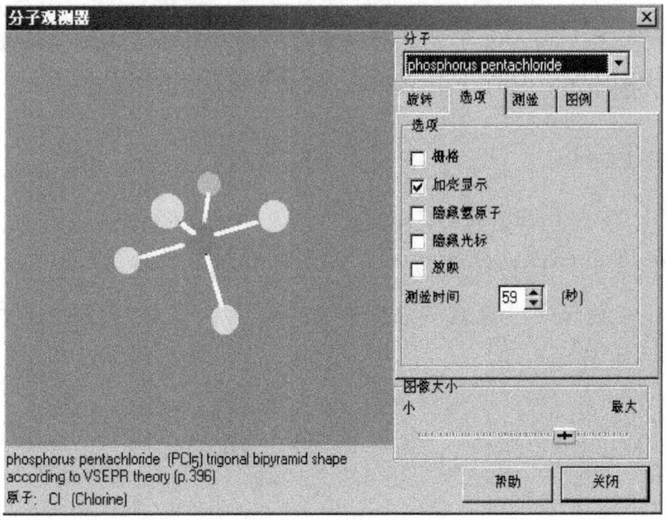

附图 1.5 分子观测器

(5)“酸/碱”内可选择某些酸碱实验所需的药品以及药品浓度。

(6)通过“设定”项可定制“动画实验室”，并根据个人喜好选择实验室主题(有“当代式”、“未来式”、“地牢式”、“热带式”四种)。

(7) 点击“重置”可以恢复实验室到初始状态。

二、仪器基本操作简介

(1) 拖拉物体：将一个仪器放到另一个仪器上面时会高亮度显示。例如，当一个烧杯拖到电炉上时，电炉会高亮度显示。

① 将光标移到仪器上，光标会变成手形；

② 单击左键并按住；

③ 拖动仪器到另一个地方；

④ 等待拖动的仪器下面的仪器变亮；

⑤ 放开鼠标左键。

(2) 倾倒化学药品。

① 拖动一个盛满溶液的烧杯到另一个烧杯或水槽上；

② 放开烧杯，当第二个烧杯变亮时倾倒开始；

③ 单击其中任一个烧杯停止倾倒。

(3) 充满空烧杯。

① 右击一个空烧杯，单击充满；

② 选择一种化学药品；

③ 拖动滑块到一定的体积。

(4) 操作实验室装置。所有实验室装置都可以通过鼠标拖曳。盖革计数器、灭火器、试管和电炉可通过点击光标开或关。当烧杯拖到 pH 计上时，pH 计被激活。温度计拖到烧杯中时，温度计被激活。

三、动画实验室操作步骤

(1) 点击桌面上的“动画实验室”图标，进入动画实验室。

(2) 熟悉实验装置。把鼠标箭头放在任一实验装置上，停留一会儿后，就会出现其英文名称。在装置上点击右键可查看其名称和性质。点击菜单中的“撤销”项可撤销实验操作(如烧杯打碎后可复原)。

(3) 获得帮助。点击菜单，选择“帮助”(或直接按 F1)，进入“帮助”窗口后，点击“COREL ChemLab 的特色”，再点击“熟悉实验室”。这里有详细的仪器操作、药品使用的方法。

(4) 做实验。点击菜单，再点击“实验”，弹出“选择实验”对话框。点击“种类”下小箭头，显示物理性质实验等五类实验。选择一个实验后，点击“确定”。弹出实验步骤窗口，点击“<<”或“>>”可显示上一步骤或下一步骤的实验内容，直到完成所有实验内容。

(5) 退出实验。点击“退出”结束动画实验。

附录Ⅱ　实验常用资料表

附表 2.1　某些元素水合离子的颜色

颜色	阳离子	阴离子
无色	Na^{+}, K^{+}, Mg^{2+}, Ba^{2+}, Sr^{2+}, Ca^{2+}, Al^{3+}, Zn^{2+}, Ag^{+}, Pb^{2+}, Hg_2^{2+}, Hg^{2+}, Cd^{2+}, Bi^{3+}, As^{3+}(在溶液中主要为 AsO_3^{3-}), As^{5+}(在溶液中主要为 AsO_4^{3-}), Sb^{3+}或 Sb^{5+}(在溶液中主要为 $SbCl_6^{3-}$或 $SbCl_6^{-}$), Sn^{2+}, Sn^{4+}, NH_4^{+}, $[Ag(NH_3)_2]^{+}$	SO_4^{2-}, SO_3^{2-}, $S_2O_3^{2-}$, CO_3^{2-}, PO_4^{3-}, HPO_4^{2-}, BO_2^{-}, F^{-}, Cl^{-}, Br^{-}, I^{-}, S^{2-}, SCN^{-}, SiO_3^{2-}, $C_2O_4^{2-}$, NO_3^{-}, $[Pb(S_2O_3)_3]^{4-}$, $[FeF_6]^{3-}$, $[Fe(PO_4)_2]^{3-}$, $[Ag(S_2O_3)_2]^{3-}$
蓝色	$[Cu(H_2O)_4]^{2+}$，$[Cu(NH_3)_4]^{2+}$	
绿色	Fe^{2+}(浅), Ni^{2+}	MnO_4^{2-}, CrO_2^{-}
紫色		MnO_4^{-}
黄色	Fe^{3+}	CrO_4^{2-}, $[Fe(CN)_6]^{4-}$
橙色		$Cr_2O_7^{2-}$
淡红色	Mn^{2+}(稀溶液无色)	

附表 2.2　某些化合物的颜色

颜色	化合物的分子式
白色	$AgCl$, $BaSO_4$, $CaCO_3$, CaC_2O_4, Ag_2SO_4, Ag_2CO_3(加热时为黄色), $BaCO_3$, PbC_2O_4, $Cd(OH)_2$
肉色	$Mn(OH)_2$
黄色	$AgBr$(浅), AgI, PbI_2, $Zn_2[Fe(CN)_6]$
红色	HgI, FeI_2(红棕), $[Fe(SCN)_6]^{3-}$(血红), HgO(橘红), $Fe[Fe(CN)_6]$(红棕)
蓝色	$Cu(OH)_2$, $Fe_3[Fe(CN)_6]_2$
棕色	$Mn_2O_7 \cdot H_2O$
褐色	FeS(黑褐), MnO_2
黑色	Ag_2S(灰黑), PbS, CuO, FeO, Fe_3O_4

附表 2.3　几种常用酸碱的浓度

酸或碱	分子式	密度/$(g\cdot L^{-1})$	体积分数/%	物质的量浓度/$(mol\cdot L^{-1})$
冰醋酸	CH_3COOH	1.05	99.5	17
稀乙酸		1.04	34	6
浓盐酸	HCl	1.18	36.5～38.0	12
稀盐酸		1.10	20	6
浓硝酸	HNO_3	1.40	68	15
稀硝酸		1.19	32	6

续表

酸或碱	分子式	密度/$(g\cdot L^{-1})$	体积分数/%	物质的量浓度/$(mol\cdot L^{-1})$
浓硫酸 稀硫酸	H_2SO_4	1.84 1.18	95～98 25	18 3
磷酸	H_3PO_4	1.69	85	14.6
浓氨水 稀氨水	$NH_3\cdot H_2O$	0.90 0.96	28～30(NH_3) 10	14.8 6
稀氢氧化钠	NaOH	1.22	20	6

附表 2.4 常用酸碱指示剂及配制方法

名称	变色范围(pH)	颜色变化	配制方法
甲酚红(第一次变色范围)	0.2～1.8	红～黄	0.1%乙醇溶液
百里酚蓝(麝香草酚蓝)(第一次变色范围)	1.2～2.8	红～黄	0.1%乙醇溶液加入 $0.05mol\cdot L^{-1}$NaOH 4.3mL
甲基橙	3.0～4.4	红～橙黄	0.1%水溶液
溴酚蓝	3.0～4.6	黄～蓝	0.1%乙醇溶液加入 $0.05mol\cdot L^{-1}$NaOH 4.3mL
刚果红	3.0～5.2	蓝紫～红	0.1%水溶液
茜素红 S(第一次变色范围)	3.7～5.2	黄～紫	0.1%水溶液
甲基红	4.4～6.2	红～黄	0.1%乙醇溶液
石蕊	5.0～8.0	红～蓝	0.1%乙醇溶液
溴百里酚蓝(溴麝香草酚蓝)	7.2～8.8	黄～紫红	0.1%乙醇溶液
甲酚红(第二次变色范围)	7.2～8.8	黄～紫红	0.1%乙醇溶液
百里酚蓝(第二次变色范围)	8.0～9.6	黄～蓝	同第一次配制方法
酚酞	8.2～10.0	无色～紫红	0.1%或 0.2%乙醇溶液
茜素红 S(第二次变色范围)	10.0～12.0	紫～淡黄	0.1%水溶液
鞑靼黄	12.0～13.0	黄～红	0.1%水溶液